U0221247

《读者》人文科普文库·“有趣的科学”丛书

CONGTAIKONG TIAOHUI DIQIU

从太空跳回地球

《读者》（校园版）编

甘肃科学技术出版社

图书在版编目（C I P）数据

从太空跳回地球 /《读者》（校园版）编 . -- 兰州：甘肃科学技术出版社，2020. 12
ISBN 978-7-5424-2552-2

Ⅰ. ①从… Ⅱ. ①读… Ⅲ. ①宇宙－青少年读物②航天科技－科学探索－青少年读物 Ⅳ. ① P159-49 ② V1-49

中国版本图书馆 CIP 数据核字(2020)第 221404 号

从太空跳回地球

《读者》（校园版） 编

出 版 人 刘永升
总 策 划 马永强 富康年
项目统筹 李树军 宁 恢
项目策划 赵 鹏 潘 萍 宋学娟 陈天竺
项目执行 韩 波 温 彬 周广挥 马婧怡

项目团队 星图说
责任编辑 陈 槟
封面设计 陈妮娜
封面绘画 蓝灯动漫

出 版 甘肃科学技术出版社
社 址 兰州市读者大道 568 号 730030
网 址 www.gskejipress.com
电 话 0931-8125103（编辑部） 0931-8773237（发行部）
京东官方旗舰店 https://mall.jd.com/index-655807.html

发 行 甘肃科学技术出版社 印 刷 唐山楠萍印务有限公司
开 本 787 毫米 ×1092 毫米 1/16 印 张 13 插 页 2 字 数 170 千
版 次 2021 年 1 月第 1 版
印 次 2021 年 1 月第 1 次印刷
印 数 1~10 000 册
书 号 ISBN 978-7-5424-2552-2 定 价：48.00 元

图书若有破损、缺页可随时与本社联系：0931-8773237

前言

面对充斥于信息宇宙中那些浩如烟海的繁杂资料，对于孜孜不倦地为孩子们提供优秀文化产品的我们来说，将如何选取最有效的读物给孩子们呢？

我们想到，给孩子的读物，务必优中选优、精而又精，但破解这一难题的第一要素，其实是怎么能让孩子们有兴趣去读书，我们准备拿什么给孩子们读——即“读什么”。下一步需要考虑的方为“怎么读”的问题。

很多时候，我们都在讲，读书能让读者树立正确的科学观，增强创新能力，激发读者关注人类社会发展的重大问题，培养创新思维，学会站在巨人的肩膀上做巨人，产生钻研科学的浓厚兴趣。

既然科学技术是推动人类进步的第一生产力，那么，对于千千万万的孩子来说，正在处于中小学这个阶段，他们的好奇心、想象力和观察力一定是最活跃、最积极也最容易产生巨大效果的。

著名科学家爱因斯坦曾说：“想象力比知识本身更加重要。”这句话一针见血地指出教育的要义之一其实就是培养孩子的想象力。

于是，我们想到了编选一套“给孩子的”科普作品。我们与读者杂志社旗下《读者》（校园版）精诚合作，从近几年编辑出版的杂志中精心遴选，将最有价值、最有趣和最能代表当下科技发展及研究、开发创造趋势的科普类文章重新汇编结集——是为“《读者》人文科普文库·有趣的科学丛书”。

这套丛书涉及题材广泛，文章轻松耐读，有些选自科学史中的轶事，读来令人开阔视野；有些以一些智慧小故事作为例子来类比揭示深刻的道理，读来深入浅出；有些则是开宗明义，直接向读者普及当前科技发展中的热点，读来对原本知之皮毛的事物更觉形象明晰。总之，这是一套小百科全书式的科普读物，充分展示了科普的力量就在于，用相对浅显易懂的表达，揭示核心概念，展现精华思想，例示各类应用，达到寓教于“轻车上阵”的特殊作用，使翻开这套书的孩子不必感觉枯燥乏味，最终达到“润物无声”般的知识传承。

英国哲学家弗朗西斯·培根在《论美德》这篇文章中讲：“美德就如同华贵的宝石，在朴素的衬托下最显华丽。”我们编选这套丛书的初衷，即是想做到将平日里常常给人一种深奥和复杂感觉的“科学”，还原它最简单而直接的本质。如此，我们的这套“给孩子的”科普作品，就一定会是家长、老师和学校第一时间愿意推荐给孩子的“必读科普读物”了。

伟大的科学家和发明家富兰克林曾以下面这句话自勉并勉励他人：“我们在享受着他人的发明给我们带来的巨大益处，我们也必须乐于用自己的发明去为他人服务。”

作为出版者，我们乐于奉献给大家最好的精神文化产品，当然，作品推出后也热忱欢迎各界读者，特别是广大青少年朋友的批评指正，以期使这套丛书杜绝谬误，不断推陈出新，给予编者和读者更大、更多的收获。

丛书编委会

2020 年 12 月

目　录

彗星是什么味

王小龙

欧洲太空局的科学家通过“罗塞塔”彗星探测器上的探测器，成功地获取到了 67P/ 丘留莫夫－格拉西缅科（67P/C-G）彗星气体中的一些有趣的化学信息，其中包括氨、甲烷、硫化氢、氰化氢和甲醛等分子，不过它的味道并不怎么让人愉快。他们在其博客中发帖称：“闻到彗星的味道后，你一定会非常后悔。”

从彗星上获得这些信息的是“罗塞塔”上一种名为 Rosina-DFMS 的质量光谱仪，当彗星靠近太阳时，它能分析出彗星气体的特征。

负责该质谱仪的首席科学家卡森·阿尔特维格说：“67P/C-G 彗星的气味相当强烈，其中有硫化氢发出的臭鸡蛋味、氨产生的马尿味、刺鼻的甲醛味、氰化氢像杏仁一样的苦味以及甲醛挥发出的酒精味。除此之外，还要再加上一点二硫化碳带来的甜甜香味。”

“罗塞塔”彗星探测器于2004年3月发射升空，历时10年5个月零4天、总长超过64亿公里的太空飞行，它在2014年8月6日终于追上了67P/C-G彗星，进入距离彗星约100公里的轨道并围绕其运行。在飞行过程中，“罗塞塔”曾3次经过地球、一次经过火星和另外两颗小行星。

作为人类首个近距离环绕彗星飞行的航天器，“罗塞塔”于2014年11月12日成功地在彗星释放着陆器“菲莱”，这是人类首次登陆彗星的壮举。科学家认为，太阳系旅行者——彗星就如同时间胶囊一样，蕴藏着太阳系形成时期留下的原始物质。对其尘埃、气体、结构及其他相关物质的研究，将有助于揭开太阳系形成、地球上水的来源乃至生命起源的奥秘。

·摘自《读者》(校园版)2015年第1期·

宇宙闻起来是什么味儿

克里斯蒂娜·阿加帕基斯
斑马线　编译

如果你想知道某种东西的味道，并不一定需要你亲自去闻。香水师和天文学家们现在可以通过检测化学分子，分析并重现出某种气味——即使这种气味来自宇宙深处。

太空玫瑰

1998 年，“发现”号航天飞机将一株玫瑰带到了太空中。宇航员约翰·格伦用气相色谱法捕捉到了一朵在零重力环境下生长的玫瑰的香气，这种气味与地球上的玫瑰略有不同。宇航员将这种香气的样本送返地球后，香水师们利用气相色谱法鉴定出了香味的分子组成，并为资生堂打造了一款加强版的玫瑰香味产品。

土卫六

美国国家航空航天局的研究人员宣布，他们已在实验室中成功复制出了土卫六“泰坦”的大气。科学家们结合绕土星飞行的宇宙飞船“卡西尼”号探测到的光谱数据，将“泰坦”上可能存在的两种代表性的气体成分——甲烷和氨气进行混合。这种气体闻起来有点儿像汽油。

闻一闻月亮

“阿波罗”号宇宙飞船的宇航员从月球上回来后，曾将那些漏进宇航服的气味描述为“火药味”。艺术家哈根·贝茨韦兹和休·科克与香味学家史蒂夫·皮尔斯据此在2010年共同创造了一款刮擦式的香味片。

银河的中心

几年前，天文学家认为，银河中心的尘埃云闻起来应该和覆盆子的气味差不多。这些气体云发出的电磁辐射会被宇宙中的化学物质吸收。通过分析到达地球的电磁辐射发生的变化，天文学家可以知道这些物质的化学成分——甲酸乙酯就是其中之一，它闻起来像覆盆子和朗姆酒。

·摘自《读者》（校园版）2015年第6期·

流浪的孤星

陈钰鹏

黑暗的宇宙中，一颗行星在飞驰，它是一颗孤苦伶仃的流浪星，没有母星（恒星）可以让它围着转，也得不到母亲的温暖（没有太阳在加热它），没有光亮。

这颗行星是2012年底由法国格勒诺布尔行星和天体物理研究所的以天文学家菲利普·德洛姆为首的研究小组发现的，离观察点约130光年。这颗行星看来相当年轻，但根据其亮度判断，应该是5000万年至1.2亿年前形成的；它和过去20年内所发现的外行星（河外星系）都不一样，它是一颗脱离了母星的行星，这种行星被称为“孤星”，因为它们没有可绕行的母星，人们必须用现代高分辨率的望远镜直接观察，所以直至2012年底，这颗被太阳抛弃了的孤星才被发现，并被命名为

“CFBDSIR2149”。这颗孤星的大小为地球的60倍，估计质量为木星的4~7倍，表面温度约430℃。天文学家推测宇宙空间有无数这样的孤星在飞驰。美国天文学家的最新研究结果是：每个恒星平均有1.8个孤星，这意味着银河系应该有4000亿个孤星，以往只是限于条件而没有被发现。

有人会问，我们的地球会不会有朝一日也变成孤星？如果会，人类还能活下去吗？科学家们用数学模型进行了模拟，并详细研究了太阳系行星的运行轨道，结论是：地球在今后的4000万年内是安全的。再往后木星有可能会影响水星的运行轨道，并将其引至金星的运行轨道附近。一旦两条轨道交叉，即发生宇宙大灾难，导致行星的擦肩而过、互相撞击，甚至将其中一颗行星甩出运行轨道，使其成为孤星。遭殃最严重的是质量小的水星或火星，但我们的地球也会成为牺牲品。

尽管如此，造成上述灾难的概率还是相当小的，在绝大多数情况下，太阳系的行星还能正常运行50亿年，也就是直至太阳慢慢终结。其间万一发生什么情况，那么可能由于木星的影响，地球的运行轨道变得更加椭圆，夏天变得很短、很热，冬天则很冷、很长；四季越来越极端化，农业遭到破坏，人类文明崩溃；直至有一天，木星把地球抛出轨道，最后使地球离太阳越来越远，在地球上看，太阳显得越来越小，提供的能量越来越少，地球越来越冷。其变冷的速率远远大于CFBDSIR2149，因后者本身就具高温。植物因缺少阳光而停止光合作用，停止生产氧气。但这一点不会导致人类的死亡，地球的大气中含有1.2千兆吨氧气，还能供人类很长时间的呼吸之用。树木在没有光合作用的情况下，同样也能维持好几年生命，因为它们可从储存在树干中的糖分获得能量。经过10~20年，大气中的气体皆结冰，或降雪，气温降至约 -240℃，地球上不再有生命。但这并不意味着地球的终结，生命还可以在地下继续；像冰岛或美国的黄石国家公园，将成为人类“溃散部队”的最后避难所，在那里，地球内部的地热在均匀地保持地球表面的温度，当年（45 亿 ~46 亿年前）地球形成时，有 40% 的热能成为残余热量留在了地球内部。

总之，科学家认为，地球成为孤星属于很远很远的将来时，届时发生的概率很小很小，即使发生了，说不定也会有一个陌生的星系捕捉地球、解冻地球，让地球复活。

·摘自《读者》（校园版）2015 年第 10 期·

“姚贝娜星”是怎么命名的

俞陶然

最近，一颗小行星的命名引起了广泛关注。“姚贝娜星”以英年早逝的歌手姚贝娜命名。那么，小行星是如何命名的?

确认身份获得编号再取名字

人类已发现三四十万颗小行星，由于数量太多，如果按西方天文学惯例用神话人物给小行星命名，名字根本不够用。于是国际天文学联合会规定：小行星的发现者对其拥有命名权。

小行星被发现之初，将得到一个临时编号。经过 3 次回归，并精确测出其轨道参数后，小行星的身份才能被确认，并获得正式编号。

“姚贝娜星”由香港天文学专家杨光宇在 2000 年 12 月 28 日发现，正式编号为 41981 号，后 4 位数字恰好是姚贝娜的出生年份。杨光宇喜欢用演艺界人物的名字命名小行星，他发现的 23258 号小行星，就命名为“徐克星”。

发现者给小行星取的名字可分为多种类型，常用的有科学家的名字、各领域名人的名字、地名、发现者亲人的名字等。命名申请经国际小行星命名委员会审议通过后，即可生效。

小行星带形成或因引力扰动

包括“姚贝娜星”在内的绝大多数小行星，位于火星和木星的轨道之间，也有部分小行星分布在地球和金星的轨道附近。在地球附近的小行星会扮演“入侵者”的角色，存在撞击地球的可能性。

对于火星和木星之间的小行星带的成因，天文学界尚无定论。过去的主流学说是“撞击说”，认为火星和木星之间曾有一颗行星，遭天体撞击后破碎，形成了遍布残骸的小行星带。不过，科研人员发现，小行星带内所有小行星的质量总和比月球的质量还要小，所以对该学说产生了怀疑，并提出“引力扰动说”。

这一学说认为，小行星是太阳系形成过程中没有形成行星的残留物质。本来，火星、木星和土星之间的引力共振会促使行星形成，但木星和土星的质量增长太快,引力也明显强于其他行星。正是这两个“大块头”的引力扰动，使小行星带的物质无法聚拢成更大的天体。

小行星的形状很不规则，有的像土豆，有的像石板。可以把它们看作一块块岩石，而非星球。它们的大小也和星球相去甚远，最大的直径可达几百千米，最小的仅有几米。由于大个头的小行星大多早已被发现，近年来新发现的小行星，体积往往很小。正因为如此，如今天文爱好者用小型天文望远镜发现小行星的可能性已微乎其微。大型巡天望远镜才是取得小行星命名权的“神器”。

· 摘自《读者》(校园版) 2015 年第 12 期 ·

人类留在月球上的奇葩物

单桂志

据科学家估计，人类自首次造访月球以来，载人登月宇宙飞船和无人探测器已经在月球表面遗留下了约 18 万千克重的各类物品。这些遗留物有被遗弃在月球表面的航天器、探测器、火箭和绕月飞行接近尾声时故意撞向月球的飞行器。除了这些，还有一些有趣的东西，比如体育用品、照片、未经允许的走私物、排泄物……

宇航员的排泄物

在“阿波罗登月计划”中，登上月球的宇航员和我们一样，不得不就地解决排泄问题。据统计，共有 96 袋用于收集排泄物的袋子被留在了月球上，它们有些被装得满满的，有些还没被开封。之所以没有把这些垃圾带回地球，是为了减轻返回舱的载荷——回程时还要带上大量的月岩。

最近，一些太空生物学家突然对此产生了兴趣，他们想弄明白这些排泄物中是否遗留有病菌，病菌暴露在宇宙射线中是否会加速变异。

太空靴

回顾让人类首次登月的“阿波罗 11 号”，你会发现除了那些污物外，宇航员尼尔·阿姆斯特朗和巴兹·奥尔德林为了减轻飞船返回时的重量，还将约 100 件不再需要的物件留在了月球上，包括太空靴、摄像机、一些工具和胶片等。

还有一些遗留物带有礼仪用途，比如那面著名的美国国旗（宇航员把它插入了月球土壤中，但返回舱点火时产生的气浪将旗子掀翻了）。除了国旗，纪念物还包括一枚代表和平的金橄榄枝吊坠和刻有约 100 名科学家、政治家和各国首脑祝福留言的硅盘。

带有尼克松签名的纪念牌

幸运的尼克松在人类成功登月前几个月才接手“阿波罗计划”，却在任期内经历了全部 6 次载人登月行动。美国人为了证明人类登月的目的，特意留下了一枚金属纪念牌，上面写道：“公元 1969 年 7 月，来自地球的人类首次踏足月球。我们为了全人类的和平而来。”下面的落款是尼克松的签名。这位中途遗憾离开白宫的总统，也成为迄今美国唯一一位在月球上“留名”的总统。

“走私”到月球的艺术品

20世纪60年代，美国雕塑家福雷斯特·迈尔斯产生了“把一件艺术品留在月球”的想法。他召集了6位艺术家（安迪·沃霍尔、罗伯特·劳森伯格和克拉斯·奥尔登堡等人），在一个由贝尔实验室制造的、只有指甲大小的瓷片上创作了几幅素描作品。迈尔斯称这个瓷片为“月球博物馆”，作品包括米老鼠式的绘画（奥尔登堡）、程式化的草图（沃霍尔）和一幅类似铅笔简笔画的素描。

问题来了，迈尔斯无法说服美国宇航局将这一作品送上月球。他选择走一条捷径，说服“阿波罗12号”的一名工程师将瓷片藏在一个登月舱模块中。结果这名工程师把瓷片“走私”到飞船上，两天后，“阿波罗12号”降落在月球上，离开时，他将这一模块遗弃在月球上。事后，迈尔斯把自己的“偷天计划”透露给《纽约时报》，但美国航天局从未予以证实。

高尔夫球“很远很远很远”

随着小球飞出电视画面之外，1971年登上月球的美国宇航员谢泼德喊出了这一句名言，宣布人类历史上唯一一次成功实现了在月球上打高尔夫球。

“阿波罗14号”的登月任务由谢泼德、罗萨和米切尔3名美国宇航员执行，他们降落在月球弗拉莫罗高地，并扫描了月球的地平线。让担任指令长的谢泼德印象最深刻、也最为世人津津乐道的任务，就是在月球上打高尔夫球。

“出发前我和休斯敦航天中心的老板约好，如果登月后的任务搞砸了，就不打高尔夫球了，免得让人们觉得不严肃，好在一切都非常顺利。我在上飞船回家前的最后一项任务，就是打出那两个高尔夫球。我把折叠式高尔夫球杆打开，打出了球，它们到现在还在月球上。”谢泼德在 1991 年的一次采访中回忆说。

宇航员雕塑

《倒下的宇航员》是一座高 8.5 厘米的铝制雕塑——一位穿着宇航服的宇航员——以纪念在探索太空旅程中牺牲的人类先驱。它是官方确认的、留在月球上的唯一一件艺术品，由“阿波罗 15 号”的成员斯科特放在哈德雷山上。

这件雕塑作品由比利时艺术家保罗·范·霍伊东克创作，雕塑旁边还有一块刻有 14 位在航天飞行或训练中牺牲的美国和苏联宇航员名字的纪念牌。但不久之后爆出霍伊东克的丑闻——他计划出售这一雕塑的复制品——这明显违背了当初他与宇航员斯科特签署的协议。

猎鹰羽毛

在“阿波罗 15 号”探月任务接近尾声时，宇航员斯科特重新演绎了历史上一次著名的实验：两个铁球同时落地。这是为了证明在真空环境下，两个不同质量的物体是否会同时落地。

斯科特两手分别持一个锤子和一枚猎鹰羽毛作为实验物体。他同时松手，物体同时落地，与那个经典的实验结果一致。最后，他把那枚取自美国空军学院的吉祥物猎鹰身上的羽毛留在了月球上。

家庭合影

在“阿波罗16号”探月任务中，宇航员查尔斯·杜克利用驾驶月球车探索笛卡儿高地的机会，将自己一家4口的合影留在了那里。那张7.6厘米×12.6厘米的照片被装在密封的塑料袋中，照片中有杜克和妻子多萝西以及他们的儿子查尔斯和托马斯。

杜克从未透露自己这样做的原因，但他在照片的背面给任何未知生物留下这样一段话：“这是来自地球的宇航员杜克一家，于1972年4月降落月球。”

暴露在恶劣的月球环境下长达40年，这张温馨的照片应该早已褪色。

·摘自《读者》(校园版)2015年第13期·

航天服的10个小秘密

庆　历

内置耳机

航天服的耳机和麦克风都在头盔内部，扣上头盔后就可以直接进行通话。

热反光涂层

头盔上的面窗经过特殊的涂层处理，可防紫外线辐射和强光。后来这种工艺也被用来制作太阳镜。

生命中枢包

这个包里的装置可随时监测宇航员的心跳、血压等身体信息。现在医院的重症监护室也参考了这些技术。

反光镜

不要小看这面小镜子。穿着航天服时想看到身后的东西，只能把整个身体都转过去，而一面小镜子就能解决这个大问题。

三个降落伞拉手

在航天服上一共配备了三个降落伞拉手，分别位于左胸、右胸和腰部。哪怕发生意外时真的手忙脚乱，只要拽到一个就保险了。

腿上摄像头

航天服上的摄像头安装在膝盖位置，虽然离眼睛远，但绝不耽误拍摄。

航天服里也要穿“秋裤”

虽然航天服很保暖，但它不吸水也不排汗。所以在穿航天服之前，必须先穿上多层专用的吸汗内衣。

全自动手套

航天服的手套在腕部有连接装置，可以自动与衣袖连接或脱离，穿脱都很方便。

手工缝制

直到现在，航天服的中间层部分仍然需要工人手工缝合，以确保密封的精确度。

需不需要纸尿裤

早期的航天服确实解决不了宇航员的“内急”问题，只好求助于纸尿裤。现在的航天服已经有了专门的废物处理系统，再不会让宇航员裹着“尿不湿”上天了。

·摘自《读者》(校园版)2015年第15期·

跳跃能否改变地球的轨道

任 飞

住在英国的德裔艺术家托斯顿·劳希曼曾发起过“跳地球日”活动，号召西半球的民众在格林尼治某一特定的时间同时跳跃，以此推动地球变轨，距离太阳远一点，让世界凉爽起来。那么，这一目的能否实现呢？

根据万有引力测定结果，地球的质量为 5.98×10^{24} 千克。而根据联合国人口发展委员会公布的数据，截至 2014 年，全世界总人口为 72 亿。世界卫生组织统计表明，全球人口的平均体重为 62 千克。因此，我们假设处于白天的人口为 36 亿，其总质量为 2.232×10^{11} 千克，这仅仅相当于地球总质量的 27 万亿分之一。

人垂直起跳的高度一般不超过 0.5 米，重力加速度为 9.8 米 / 秒 ^{2}。根据能量守恒定律可以算出，单人落地的速度约为 3 米 / 秒。

为简化计算，我们将这36亿人集中在赤道上的近日点，按人均占地面积1平方米来计算，可组成一个3600平方千米的方阵。现在这个方阵以3米/秒的速度撞上地球，根据动量定理，可算出地球受到的瞬间冲量为6.69×10^{11}牛·秒，使地球速度变化1.15×10^{-13}米/秒。而据天文学研究表明，地球的公转速度约为29790米/秒。通过对比我们发现，这对地球公转速度的影响，就像一个细菌在你头上摇晃，试图改变你的行动方向一样，完全可以忽略不计。

从能量角度看，36亿人同时起跳产生的动能，约为1.1万亿焦耳，仅相当于1颗小型原子弹爆炸产生的能量。而这些能量，只能让地球移动一个氢原子半径（0.53×10^{-10}米）的距离。

·摘自《读者》（校园版）2015年第17期·

飞往冥王星

李　腾

2015 年 7 月 14 日 20 点 52 分，美国马里兰州劳雷尔市的约翰·霍普金斯大学应用物理实验室的控制中心挤满了人。这间不算大的办公室，摆满了显示屏，人们或站或坐，都紧张地盯着眼前的仪表显示屏。

经过 9 年的等待，这是“新视野号”科研团队最期待的时刻。为确保探测器集中精力工作，控制中心已经有 21 个小时没有与它联系。此时，“新视野号”与地球相距 50 亿千米，即便是光，也要 4 个半小时才能穿过其间的茫茫星空。探测器是否仍在正常运转，科研团队对此一无所知。

“已成功锁定探测器。”项目运营主管爱丽丝·鲍曼通过麦克风宣布。她桌上有只小熊吉祥物，这只小熊，是“新视野”号在这间办公室里的替代物。

办公室里只听得到沉重的呼吸声，摄像师在各个座位间穿梭，力图记录下每位工作人员严峻的表情。煎熬并没有持续多久，1 分钟后，鲍曼宣布："已成功锁定遥测数据。"

"哗——"控制中心全体人员鼓起掌来。在确认无线电频率、导航、推力、电源、温度等参数均正常后，鲍曼缓缓站起身来，郑重地对麦克风另一端的项目首席科学家艾伦·斯特恩宣布："数据接收成功，探测器运转良好。"

话音刚落，斯特恩高举双臂，从门外冲了进来，他的脸因兴奋而涨红了，他一把抓起小熊手中的美国国旗，向众人挥舞着，与每个人热烈地握手、拥抱。

从 2006 年 1 月 19 日"新视野"号顺利升空至今，时间已过去了 9 年；从 2001 年 11 月 29 日"新视野"号正式立项至今，已近 15 年。对于"新视野"号团队的很多成员来说，这个拼尽全力，在黑暗无尽的星空中一刻不停地飞奔 9 年，只为与冥王星"对视"一眼的项目，几乎耗去了他们所有的科学生命。

X 行星

一切要追溯到 1989 年 5 月 5 日。

在科罗拉多大学波尔得分校攻读博士学位的艾伦·斯特恩，遇见了美国国家航空航天局（以下简称 NASA）行星探索部主管杰夫·布里格斯。艾伦问道："为什么不建立一个探索冥王星的任务？"布里格斯回答："因为从来没有人跟我提过这个。这主意听上去很棒，要不我们试试？"

尽管那时人类发现冥王星已近 70 年，但科学家们还普遍没有探索冥王星的兴趣。

1930年，一个名叫克莱德·汤博的24岁的小伙子，依靠新型天文观测仪器和远超常人的细心，通过比对不同天区的照片底片，发现了一颗距日极远、光芒暗淡的行星。

这个发现十分鼓舞人心。人类上第一次确定太阳系的最远行星——海王星的时间，是1846年。在这84年间，通过计算天王星和海王星的轨道，许多天文学家推测在海王星之外，还有一颗行星，美国天文学家帕西瓦尔·罗威尔甚至已为之命名：X行星。遗憾的是，这颗行星始终没有被观测到。

根据一个英国11岁小女孩的建议，这颗行星被正式命名为“冥王星（Pluto）”。“Pluto”是罗马神话中的冥神，传说他可以使自己隐身，让人难以发现。

冥王星自此取代了海王星，成为人类认为的太阳系的远端，然而，人类对它的好奇心，也因此而停滞了。

事实上，就在艾伦与杰夫相遇的那一天，美国“旅行者2号”探测器正在执行其探索外太阳系的任务。1989年8月25日，“旅行者2号”探测器飞越海王星，拍下并传回了第一组清晰的海卫一的照片。但是，由于当时主管项目的科学家们对冥王星不感兴趣，本可以“顺便”拜访一下冥王星的“旅行者2号”没有调转航向，直接奔出了太阳系。

艾伦很难描述他为什么对冥王星有这样大的兴趣。“我从小就对这些感兴趣。”在NASA于2015年发布的纪录片《冥王星之年》中，他回忆说，“之后便一直沉浸于此。”

幸运的是，他并不是唯一一个对冥王星感兴趣的人。当行星科学发展到20世纪90年代，太空探索技术已允许人类去造访更遥远的宇宙空间，一批对未知宇宙充满无限好奇的年轻人聚集起来，讨论哪里将是太空探索的新边界。

在“旅行者2号”项目结束后，答案呼之欲出——冥王星。

“冥王星就在那里，这就是驱使我的最大动力。”团队的元老级成员马克·布伊在《冥王星之年》中回忆道，“因为我们对它知道得实在是太少了。”

艾伦·斯特恩、马克·布伊等年轻人开始自发地团结起来，为实现探索冥王星的任务做准备。这个小小的年轻科学团体后来被人们戏称为“地下冥王星党”。也正是以这个小组为核心，孕育出了十多年后的“新视野号”项目。

这就像对太阳系的考古发掘

为获得NASA的认可，从1989年开始，“地下冥王星党”将心血耗费在了两件事情上：意义和成本。

自1930年被发现以来，冥王星在“九大行星”中一直是一个特殊的存在。它既不像“第一区”的水星、金星、地球和火星那样是岩石星球，也不像“第二区”的木星、土星、天王星和海王星那样是气态巨星，包裹在-228℃寒冰中的冥王星，与前两者都不相同，它是太阳系的“孤儿”，在太阳系边缘，沉默地运行着。许多人认为，对冥王星的探索无法为人类研究地球提供借鉴。

1951年，美国天文学家杰拉德·柯伊伯推测，海王星和冥王星并不是太阳系的边缘，而是还存在一个由其他天体组成的盘。天文学界之后将这个区域命名为“柯伊伯带”。但直到斯特恩团队开始酝酿探索项目，“柯伊伯带”仍然只停留在人们的想象中。

转机出现在1992年。天文学家首次在柯伊伯带发现了一颗小行星，接着，越来越多的柯伊伯带小行星被发现，至 2006 年“新视野号”发射升空前，人类在柯伊伯带总共发现了超过 1000 颗小行星，并预测这一区域的小行星总量可能超过 10 万颗。

柯伊伯带的发现修正了人类对太阳系形成的推测。根据电脑模拟，天文学家认为，柯伊伯带应在太阳系诞生之时便已存在，那时它距离太阳更近。海王星的出现，将柯伊伯带抛向了太阳系边缘，同时也将许多太阳系形成之初便存在的物质冰封了起来，它们共同构成了太阳系的“第三区”。而冥王星作为已知的柯伊伯带的最大行星，对它的成功探索则意味着可能打开了一扇进入柯伊伯带的大门。

艾伦·斯特恩曾在接受媒体采访时指出：“探索冥王星和柯伊伯带就像是在太阳系的新大陆进行考古发掘工作，可以窥探到太阳系行星形成的最初状态。”

探索冥王星的科学意义，也随着“地下冥王星党”不间断的科学发现而逐渐突显出来。

1985 年到 1990 年间，正是冥王星与其卫星卡戎交替从对方面前经过的时期，天文学上称为“行星互掩现象”。利用在这一过程中捕捉到的光影变化，马克·布伊和其他天文学家制作出了第一张冥王星地图。地图显示，在整个太阳系中，只有两个天体的地表对比度最大，冥王星就是其中之一。

随后，马克·布伊又借助哈勃空间望远镜，第一次用直接成像法观测到了冥王星的地表。

2005 年，艾伦·斯特恩和另一名团队成员哈尔·韦弗利用哈勃空间望远镜再次仔细观察了冥王星和其卫星卡戎，在其周围又发现了两颗暗淡的卫星。到 2012 年，其他科学家的发现使得冥王星的卫星数量增加到了 5 颗。

探索冥王星的任务被 NASA 逐步提上议事日程。

20 世纪 90 年代末，NASA 曾制订了一个名为“冥王星－柯伊伯快车”的探测计划，原计划 2004 年 12 月 18 日发射探测器，主要探测冥王星、卡戎及其他柯伊伯带天体。然而，由于研制经费超支，NASA 宣布取消该计划。

消息一公布，激起众多天文学家强烈抗议，也包括“地下冥王星党”成员。他们四处游说，美国行星学会甚至发起了“拯救冥王星计划”。

从单挑，到联盟

2000 年 12 月 20 日，NASA 宣布将重新论证“冥王星计划”，不过他们不打算采用原来的探测方案，而是在全球公开征集新的探测方案。

NASA 提出了两项苛刻的要求：一是必须在 2015 年前抵达冥王星，二是经费必须低于 5 亿美元。申请提交截止时间是 2001 年 3 月 19 日。这意味着，所有的前期设计工作只有不到 3 个月时间。

“地下冥王星党”自然不能放过这个机会。一支以艾伦·斯特恩为首的西南研究院团队几乎从一开始就积极准备起来。他们的对手有 4 家科研机构，其中包括著名的喷气推进实验室（JPL），后者已经成功探索过除冥王星和地球以外的所有太阳系七大行星。

为了既保证项目的科研价值，又不超出预算，团队只计划了三项基本任务：分析冥王星和卡戎的地质和形态特征；绘制冥王星和卡戎的地表成分图；弄清冥王星的大气流失速度。此外，他们还计划探测冥王星的高能粒子环境、磁场、电离层、太阳风等方面的数据。

但第一轮设计成本核算下来，远远超过 NASA 所能承受的经费范围。

如何缩减成本成了团队的一块心病。

就在团队陷入困境之际，同样对探索冥王星有浓厚兴趣的约翰·霍普金斯大学应用物理实验室（以下简称 APL）找到了斯特恩，希望与他联手，共同争取 NASA 的资金支持。

APL 在太空探索领域的成熟技术，使得项目运行的最终成本被压缩为 7 亿美元，在 NASA 的承受范围之内。当然，科研内容也有所缩水。林斯科特说："最初设计的磁感应器被取消了，令人遗憾，但这总比项目被取消好多了。"

就在提交申请的最后时刻，探测器也有了自己的名字——"新视野号"。据林斯科特透露，这个名字是斯特恩在慢跑中想到的，他这样向大家解释其含义：踏入崭新的世界，领略别样的风景。

艰难起航

然而，开启崭新世界的旅程远不是通途大道。

就在 NASA 的项目申请截止期前一个多月，2001 年 2 月 6 日，刚刚组建一个月的布什政府公布了新的财政预算案，宣布取消对 NASA 探索冥王星任务的支持，转而扶持探索木卫二的任务。

尽管已处于项目研制的最后阶段，新视野团队成员还是抽出时间，与 JPL 共同游说国会，动员所有熟识的议员，大力宣传探索冥王星的意义。一周的努力之后，国会通告 NASA：必须继续冥王星探索任务。

2001 年 4 月 6 日，NASA 宣布新视野团队和 JPL 团队进入最终角逐，将于当年 9 月 18 日进行最后的论证。2001 年 11 月 29 日，NASA 宣布："新视野号"探测方案最终胜出。

谁也没想到的是，仅仅在 2 个月后，2002 年 1 月，布什政府再次宣布取消冥王星探索计划。这一次，新视野团队决定走群众路线。他们建立了一个请愿网站，用英语、法语等8国语言，恳请全球民众“为地球发声”，最终收集到了1万余份来自世界各地的签名。美国国家科学院也不甘示弱，集体决定，将对柯伊伯带的探索列为最优先的科研任务。

经过1年多的反复拉扯，2003年2月，布什政府终于正式批准了对“新视野”号探测项目的支持。而此时，距离探测器发射升空的最佳时间，已经不到3年了。

为了使探测器能够获得最大飞行速度，发射“新视野”号将采用美国推力最大的“巨神”运载火箭，它将给予探测器16千米／秒的飞行速度。这是地球太空探测器的最快速度，只需9小时便可抵达月球轨道，而同样的距离，“阿波罗号”飞船当年用了3天时间。

但为了在2015年抵达冥王星，这一速度仍然不够。从20世纪70年代起，美国的太阳系探测计划还普遍采用向木星“借力”的方法，即在穿过木星轨道时，利用木星清空轨道的巨大力量，被其“甩”出去，使探测器获得一个新的加速度。

为了满足这两个条件，“新视野”号的发射时间需控制在2006年1月11日至27日之间，若在此之后，向木星“借力”的效果将大幅减弱。若在1月29日发射，2016年6月12日才能抵达目的地；若发射时间晚于2月2日，便完全无法“借力”，“新视野”号就要用12年才能完成漫长的飞行。

2005年9月，“新视野”号已在美国航天发射中心整装待发，2006年1月11日至2月14日每天的发射时间表都已提前排好，然而意想不到的变故又发生了。

在远离太阳的深空，探测器无法依靠太阳能供电，“新视野”号设计搭载了一个小型的核反应堆，作为科研设备电源。

发射时间终于确定在美国东部时间2006年1月17日13时24分。但“新视野号”的磨难还没有结束。一次是地面突刮强风，另一次是位于约翰·霍普金斯大学应用物理实验室控制中心突然停电，发射被两度推迟。直至1月19日14时，斯特恩和他的团队终于目送“巨神”火箭将“新视野号”送往外太空，向它挥手告别。

“如果‘新视野’号是一只猫，它可能已经死了。”斯特恩后来回忆时表示，“因为猫也只有9条命。”

9年星途

然而，7个月后，一个始料未及的科学决定发生了。

2006年8月24日，国际天文联合会（IAU）为行星重新做出定义，并将冥王星踢出“九大行星”之列，降格为“矮行星”。

艾伦·斯特恩对此大为不满。2010年2月18日，他接受太空科学网站Earth&Sky采访时表示，他从小学到的就是太阳系有九大行星，科学家也陆续发现了上千颗和冥王星一样的星球，IAU应该将这些星球都囊括进行星队伍，而不是简单粗暴地减少行星数量。“这些星球有地心、有大气层、有四季变化、有极地冰冠、有卫星，除了质量大小之外，我看不出它们与IAU认可的行星有什么区别。”斯特恩说，“吉娃娃再小也是狗。”

升空13个月后，“新视野号”顺利抵达木星轨道，并被木星加速“推”向冥王星。之后，为节省能源和运营成本，“新视野”号进入“休眠”状态，大部分设备自动关闭，只是每周会定时向地球控制中心发送一个“平安”信息，并在每年固定的时间“苏醒”50天，进行“年检”。

在只能间断接收到信号的9年间，“新视野号”以一种特殊的方式存在于控制中心——一只棕黑色的泰迪熊玩偶。探测器沉睡时，团队便给它戴上睡帽，盖上被子，让它睡觉；探测器苏醒时，它便头顶彩色聚会尖帽，端坐在项目运营主管鲍曼的办公桌上。

2013 年 7 月 5 日，飞离地球 7 年半后，“新视野”号被唤醒，开始了为期 9 天的任务预演。“我们开启了所有的科研设备，把将对冥王星进行的任务全部排练了一遍。”申克说，“这是我们最后一次更正错误的机会。好在预演进展顺利，没有发现任何潜在的问题。”

2014 年 12 月 6 日，“新视野号”正式结束“休眠”，并于 2015 年 1 月 15 日进入工作状态。此时，它已经距离地球 48 亿千米。

2015 年 7 月 14 日，经过 9 年的漫长等待，“新视野号”终于向地球传回了第一张高清晰度的冥王星照片。人们不仅第一次直接看到了这颗“能够自我隐身的冥神”的真面目，而且惊讶地发现，这颗遥远而神秘的星球上，竟然有一块明显的心形地貌——它很快被命名为“汤博区域”，以向发现冥王星的克莱德 · 汤博致敬。

最让行星地质学家申克震惊的是冥王星活跃的地质活动。陆续传回的图像显示，冥王星远比人们想象的更加复杂。它的直径比人们预估的要大，而且地表有山峰、冰原等复杂的地貌。

在为成功抵达冥王星欢呼过后，新视野团队很快进入到烦琐的分析、整理数据的工作中。

2015 年 7 月 16 日，美国东部时间晚上 7 点，团队中的科学家詹姆斯·格林在推特上回答网友提问。2 个小时内，共收到了 276 个问题。

网友最关心的是“新视野号”的未来规划。格林透露，以目前的资金，“新视野号”可以完成探测冥王星及其卫星卡戎的任务，并可以再探索一颗柯伊伯带小行星，然后只能取决于后续资金的情况。

但申克透露说，团队已经决定，将尽一切努力尽可能多地探测柯伊伯带天体，他们还为此发起了“向‘新视野’号捐款”的网络活动。

“对我们来说，这是今生唯一的机会。”申克说。

才华、耐心与意志，终于成就了人类与冥王星的这次百年相遇，但在林斯科特看来，他更愿意将之归因于梦想的强大力量。“我们聚集在这里，就是因为我们共同怀揣着对冥王星的梦想。”他说。

· 摘自《读者》（校园版）2015 年第 19 期 ·

谁在掌管星星的那些事

文　怡

近日，美国“新视野”探测飞船经过 9 年多的长途跋涉，成功飞掠冥王星，一时间，世界为之沸腾。

说起之前冥王星的降级，就不得不提到给它定级的 IAU（国际天文学联合会）。IAU 是世界各国天文学术团体联合组成的非政府性学术组织。1919 年 IAU 在布鲁塞尔成立，其宗旨是组织国际学术交流，推动国际协作，促进天文学发展。IAU 成员国多达 73 个，是世界上规模最大的专业天文学家组织。

据悉，IAU 每年召开若干次专题讨论会和座谈会，从 1922 年起每 3 年召开一次大会，讨论 IAU 整体的活动方针。

在近代天文学的发展中，IAU 可谓功不可没。它掌管的范围包罗万象，如 1922 年就确定了全天 88 个星座，修订日地距离等。自诞生之初，IAU 无疑就是“天界”的最高权威。

IAU 于 2006 年 8 月通过了决议，将行星和太阳系的其他天体定为如下 3 类：行星、矮行星和太阳系小天体。按照新的定义，行星需要符合 3 点要求：一是要围绕太阳运转；二是自身引力足以克服其刚体力（固体之间的支撑力），从而使天体呈圆球状；三是要能够清除其轨道附近的其他物体。冥王星正是因其不能清除其轨道附近的其他物体而“惨遭降级”，被驱逐出行星家族，成为矮行星。

还有西方占星学上的“12 星宫”，在 IAU 这里就划为了 13 星座，早在 1928 年 IAU 就认定，位于天蝎座和射手座之间的蛇夫座是黄道上的第 13 个星座。

此外，IAU 还是个与时俱进的组织。眼下它就紧跟网络时代，面向全世界对“太阳系外行星”的名称进行公开征集，再根据全球网友的投票情况决定结果。

·摘自《读者》（校园版）2015 年第 20 期·

地球年龄与拯救世界

waterfive

网上有人提问："有人在不经意间或是在世界上绝大部分人毫不知情的情况下拯救了世界吗？"

我想起了这么一个故事。20 世纪 40 年代，"二战"刚结束，芝加哥大学的地质教授哈里森·布朗突然提出一个问题，但是这个问题并没有足够的诱惑力让他花费自己的宝贵时间去研究，所以他选择了一个两全其美的方法——抓了学校的一名研究生当苦力，让他研究这个问题。该研究生名叫克莱尔·帕特森，是艾奥瓦州一位邮递员的儿子，天性叛逆，在学校的表现一般，长相普通。

科学家在 20 世纪时有一个伟大的发现，在几十年里，通过测量每种放射性元素转变成另一种元素所用的时间，物理学家发现每个不稳定元素的原子的衰变比率是恒定的，所以要了解我们地球母亲的年龄，没有比测量铅原子更好的方法了。

哈里森让帕特森测量一块几乎和地球同龄的陨石样本里面的铅原子，这样就能得出地球的年龄了。

在对陨石的铅含量做等精度测量时，帕特森发现，相同微粒的铅含量的数值，每次的偏差都很大。这就像没有了一把标准的尺子，连一个恒定的参照物的数值都没有，如何去测量陨石和地球的年龄？

帕特森绞尽脑汁，最后发现，影响实验结果最重要的原因可能是实验室或者空气里存在铅元素。帕特森随后变成了一个清洁工，拖地擦洗，反复打扫他破旧的实验室，尽量让他的实验室变得无铅，但是最后的结果还是偏差百倍。

帕特森在真理的大门外，像一个苦行僧，把真理大门外的瓷砖清洁了一遍又一遍。一个人用 6 年的时光就在做这种看似没有意义的事情，重复着实验的第一步。在第 7 年时,他的老师哈里森被调往加州理工学院，于是邀请他在加州理工学院建立了第一个超级洁净室。

一天晚上，带着从加州理工学院超级洁净室里得到的数据，帕特森来到伊利诺伊州的阿拉贡国家实验室——他即将以一个人类的肉身，用对于宇宙来说转瞬即逝的光阴，探知到行星、宇宙、地球和整个太阳系的秘密——地球的年龄。

帕特森飞快地做着计算，当他画下最后一根线时，他轻轻地说："地球的年龄是 45 亿年，我们成功了。"

知道地球的年龄后，帕特森像个孩子一样奔向母亲的家，他想把他获得的成果——地球的真实年龄——和母亲分享。当然，由于太激动，他的心跳过于剧烈，他被送到了医院进行抢救。

45亿年这个数字，直到十几年后才被写进地质教科书中。即便如此，在过去30年的50多本教科书中，只有4本在提到地球的年龄时提到了帕特森的名字。

他当时并不知道，自己这项耗费7年、看似对于99%的人来说完全没用的研究成果，却妨碍了世界上某些最有权势的人。听起来好像是一个超级宏伟的科幻小说和阴谋论。而帕特森得罪的就是美国的整个铅工业和石油工业的巨头。令他们惶恐的是，通过帕特森的研究过程及其所使用的研究工具——铅，帕特森知道了一个他不该知道的东西。

在帕特森所在的20世纪中叶，公众已经开始了解铅对人体会造成巨大的危害，但为什么还要使用？因为铅的价格便宜、延展性好、制造简单，而铅中毒是需要一个累积的过程，能持续接触到铅的，往往是矿工和处理铅的工人。

进入20世纪，广告产业发展了。资本家为了逐利可以泯灭良心，科学家也不例外。他们动用了至今屡试不爽的方法：推出一个懂科学的权威，安抚民众，美化铅的形象。他们找到了一个合适的人选——美国化学会主席、氟利昂的发明者：托马斯·米基利。这也是人类第一次利用科学权威来掩盖人类活动对环境和公共健康的威胁。米基利博士说："铅本身就存在于自然环境中！当然，虽然对一线工人有影响，但是没有任何证据显示对公众有影响！"

而帕特森在对实验室的铅干扰进行排除的过程中，开始研究铅是如何传播的。依靠美国石油组织的科研拨款，他仔细研究了中深层海水和浅层中铅的含量。帕特森又一次发现他的原始数据中存在无法解释的地方：深海中的铅含量很低，但是在浅水和水面上，铅的含量却高出几百倍。惊人的事实表明，浅层海水中这些铅是近年才出现的。帕特森提出了他的假设：它来自含铅汽油。他立即着手发表学术论文，对含铅汽油做出讨伐。

于是，来自石油行业的赞助一夜之间消失得无影无踪，帕特森所有的研究都被迫中断。更要命的是，帕特森终其一生都专注于研究，而无暇申请终身教授，这也就意味着他这个可怜的技术岗位人员，随时可能被人踢走，毁掉他作为科学家的一生。而在加州理工学院的董事会里，就有好几个石油巨头，他们不断地给帕特森施压。

为了调查铅，帕特森的足迹遍布格陵兰到大西洋。他来到南极向下挖掘 200 米，找到冰芯，通过对冰锥中几百万年前的气泡中空气的研究，帕特森发现，现在空气中铅的含量是过去的几百倍。

在对地球年龄的研究中，帕特森无意中发现了一场规模空前的毒害污染地球的证据。帕特森耗尽数年精力，不断地把论文和成果投向杂志和寄给政府高官。

终于，在一名州议员的帮助下，政府于 1966 年主持了关于铅的听证会，为了干扰听证会，巨头们特地运作，把听证会的召开时间定在了帕特森身在南极洲期间。但帕特森出人意料地在第 5 天出席了。听证会上，石油公司的律师不断咆哮："米基利博士是这个领域最权威、最有经验的专家，而帕特森什么都不是。"

人们总喜欢看一个英雄依靠一己之力，与邪恶的巨头做斗争来拯救世界。然而在现实中,帕特森这样的普通人不会像超人那样只要双手一举，就能令正在前进的火车停止。帕特森所做的只能是紧紧拽着火车，费尽所有的力气，用那微不足道的阻力努力让火车行驶得慢一些。帕特森和石油巨头斗争了 20 年，一直到 20 世纪 80 年代，铅才被禁止在美国消费品中使用。

这个推论出地球年龄的人，同时也造就了20世纪最伟大的公众健康的胜利。

短短几年，美国人血液中的铅含量降低了75%，数百吨的毒气被禁止排放在我们日夜呼吸的空气中。我们现在实在无法想象，如果汽油和日用品没有实现无铅化，那对人类的平均寿命会产生什么重大的影响。可以说帕特森间接拯救了无数人的生命。几年后，帕特森死于哮喘。据说，因为治疗哮喘需要长期使用激素，他的骨质已经完全疏松，身高也缩短了13厘米，他的后半生一边在忍受着病痛的折磨，一边还要与石油巨头对抗。

在帕特森开始他的人生之前，或许命运和真理曾经问过他这个问题：“你将要为一个不经意间提出的问题的答案耗费自己的人生，这个答案对于大多数人来说毫无意义，它除了给你一瞬间的机会来窥见真理，却不会给你带来任何名利；相反，你会得罪世界上最有权势的人，和他们周旋到底，你将在贫困中度过你的一生，你的成果将要在十几年后才被确认，然而大部分人依旧视而不见。你的名字不会被人们咏唱，但是如果你穷尽一生坚持维护真理，命运会对人类肃然起敬，稍稍给予他们所有的人延长生命的契机，你愿意去探寻这个答案吗？”

帕特森早已准备好了答案：

最伟大的科学家

总是抛弃那舒适的生活

只为一丝照亮未来的光芒

去践行那看似不可能的道路

是什么使得他们前行

因为在科学的处女地

能发掘到人生的美和意义

于是他们甘心被它奴役

守护着人类的命运

弗洛文奇有一句话我非常喜欢："每个种族都会遇到这个时刻——这个种族是备受奴役还是走向辉煌，只取决于该种族的某一个人。"我相信，不断有人真的在历史节点，偶然改变了人类的命运，拯救了全世界。

·摘自《读者》(校园版) 2015 年第 21 期·

在太空里该用什么笔写字

《科普童话》编辑部

在太空里该用什么笔写字?

如果你的回答是“铅笔”的话,那我知道了,你一定听过以下这个故事:

美国航天部门准备将宇航员送上太空,但他们很快发现,宇航员在失重状态下用圆珠笔、钢笔根本写不出字来。于是,他们用了10年时间,花费了数亿美元,想尽办法要发明一种在太空中也能出墨水的圆珠笔,结果一无所获。最后还是一位小学生提了一个建议,才解决了这个问题——在太空中用铅笔写字,就没有不出墨水的问题了。

这个故事想告诉人们,有时候看上去很复杂的问题,其实有极简单的解决办法,只是大家没有想到。然而,这个故事究竟是不是符合科学原理呢?

真相是：早期的宇航员确实在太空中使用过铅笔，但这并不是因为接受了小学生的建议，而是因为在测试中，科学家已经发现钢笔、圆珠笔在失重条件下不出墨水，铅笔是唯一的选择。

不过，在太空中使用铅笔时，也有很多缺点。比如，如果写字时用力过大，铅笔的笔芯就会折断。这些碎渣会在失重的环境中飘浮，可能飘进宇航员的鼻子、眼睛中；如果飘进了太空船上的电子设备里，还会引起短路——因为做铅笔芯的石墨是能导电的。此外，铅笔的笔芯和木屑在纯氧的环境中很容易燃烧起火，非常危险。

于是，圆珠笔的发明者保罗·费舍尔花了两年时间和约200万美元，于1965年研制出了能在太空环境下使用的圆珠笔——太空笔。它的原理是，采用密封式气压笔芯，上部充有氮气（因为氮气是不活跃气体，一般条件下不会助燃）。靠气体的压力把油墨推向笔尖。这样，哪怕在失重的宇宙空间里，这种笔也能写出字来。

经过严格的测试后，太空笔被美国宇航局采用。1967年12月，费舍尔以每支2.95美元的价格，把400支太空笔卖给了美国宇航局……真的，很便宜！

1969年7月20日，是太空笔最辉煌的日子。它不但参加了著名的“阿波罗登月计划”，跟随阿姆斯特朗和奥尔德林登上了月球，而且还救了他们的命！原来，当阿姆斯特朗和奥尔德林在月球表面完成历史性漫步、回到登月舱准备离开时，发现发动机的塑料手动开关被宇航服的背囊碰断了！幸运的是，经过检查，他们只需要拨动开关中一个细小的金属条，就能排除这个故障。但此时为了减轻重量，他们已抛弃了所有的工具。情急之下，地面指挥中心的一名工程师灵机一动：“快看看你们谁身上带着太空笔？”最后是奥尔德林掏出太空笔，缩回笔芯，用笔管拨动了开关，成功地启动了登月舱的发动机，才使这两位登月英雄化险为夷。

太空笔不但在太空中屡建奇功，而且还可以在其他各种极端恶劣的环境下使用。寒冷的高山，深海的海底，很快都成了它发挥本领的地点。即便在油污、潮湿、粗糙或者光滑的表面上，人们也可以用太空笔流畅地书写。一支笔的使用寿命甚至长达几十年。因此除了宇航员之外，它还深受登山运动员、户外活动者、技工、士兵、警察的欢迎。目前在美国，8 美元即可买到一支物美价廉的费舍尔太空笔。

所以，下一次你可不要轻易相信“太空中写字用铅笔”这样的传言了哦！

·摘自《读者》（校园版）2015 年第 23 期·

掉到地球另一端需要多久

叶怡萱

亚历山大·科罗茨是加拿大麦吉尔大学的一名学生，他近日对一个由来已久的物理问题进行了计算，即如果在地球中心挖一条通道的话，一个人需要花多长时间才能从通道的这一头“掉落”到那一头。此前，人们给出的答案大多是42分钟，但他得出的结果却是38分钟，并将他自己的论证、计算过程和结论发表在《美国物理学杂志》上。

如果有人设法挖了一条贯穿地球的通道，并成功“掉”了进去，他需要多长时间才能到达通道的另一端呢？这是麦吉尔大学每年都会向学生提出的一个问题，而且大家算出的答案大多是42分钟。但这真的是正确答案吗？科罗茨认为不是，并用数学方法给出了证明。

在得出42分钟这个答案时，人们往往将重力变化产生的影响考虑了进去（由空气引起的摩擦力在此不予考虑），因为人在接近地心时，重力会逐渐减弱；而随后远离地心时，重力逐渐加强，这时人体就相当于沿着与重力相反的方向向“上”飞去。人们普遍认为，在前半程的“坠落”过程中产生的速度足以让人克服重力，来到通道的另一端。

但科罗茨认为，应当将地球内部密度的变化考虑进去。已经有很多研究显示，地心处的密度比地壳要大很多，而这无疑会对坠落过程产生影响。他使用了一系列地震勘探数据,计算出地球内部不同深度处的密度，从而对上述问题给出了一个更精确的答案。最终的结论是，一个人只需38 分钟 11 秒便可穿越地球，而不是 42 分钟 12 秒。

有趣的是，科罗茨还注意到，就算假定坠落全程的重力都保持地面水平不变，计算得出的结果同样也是 38 分钟。

·摘自《读者》（校园版）2015 年第 24 期·

宇航员的衣服脏了怎么办

科　童

衣服嘛，多穿几天又不会破……据宇航员回忆，他们在太空中平均一周才换一次衣服。听起来虽然是个懒人的办法，但在太空旅行中，这还真是无奈的选择。首先，空间站里根本没有那么多富余的地方用来放衣服。其次，将 0.45 千克货物从地球送到空间站，要花掉 5000 美元至 1 万美元，因此，每次只能优先运送食物和重要的科学仪器等物资。

其实，不换衣服也没有想象中的那么不卫生。因为在太空站里，衣服不像在地球上那么容易弄脏。在太空中，宇航员生活在温度恒定的环境中，而且在无重力的情况下，活动起来也不会耗费太多的体力，所以，宇航员很少出汗。但是，为了防止肌肉在这种没有重力的环境下萎缩，宇航员还是需要做些体能训练的。因此，他们贴身穿的衣物仍然得定期更换。只是，这些衣服“坚持”的时间比在地球上长多了。

既然不能洗，换下来的脏衣服也就只好堆在空间站里，等待变成太空垃圾啦。然而，当宇航员们结束任务、准备返回地球时，这些越堆越多的脏衣服就又要冒出来找麻烦了——宇航员是乘坐航天飞机“回家”的，在这些“专机”上,除了宇航员和他们的私人物品,还得带上很多实验仪器、记录资料……空间有限啊，哪儿还有给脏衣服留的地方？

可是，把这么大包的脏衣服都丢在太空中，简直就是给地球人脸上抹黑嘛。最后，科学家们终于想出了好办法。原来，俄罗斯的航天局研制出了一种无人驾驶的货运太空飞船。这种飞船是一次性的，当它把宇航员需要的货物运到空间站之后，宇航员们就把空间站里堆积的垃圾装进去。而这种飞船会根据设定好的程序，自动返回地球，当它飞进大气层之后,会自动烧毁。这样,脏衣服就可以和其他太空垃圾一起,化为“天边的一道流星”啦!

还有个另类的主意是一位俄罗斯宇航员想出来的。他到达空间站后，想在那里种些蔬菜，但太空里没有土壤。于是，他想到把自己换下来的旧衣服缝制成球形，将一些碎纸巾、纱布头之类的废物填充在里面——嗯，你在大街上可能见过那种只浇水头上就会长出绿草的小人吧？那个就是用填充了锯末的纱布缝成的。这位宇航员利用的就是这个原理。做好这些废料球之后，他再把种子放在里面，浇水种植，很快种子就发芽了。看来，这位宇航员的环保意识真是够强的，把“废物利用”的精神都发扬到太空里了。

为了减少太空垃圾，科学家一直在寻找各种各样的解决方案。细菌分解是一个很不错的构想。根据一些学者的设计，细菌不但可以分解掉包括脏衣服在内的垃圾，而且还能在这个过程中产生热量和一些化学物质。宇航员可以把它们利用起来，作为一种新的能源在太空中使用。但这种设想以现在的技术水平，还无法实现。不过在不久的将来，当人类考虑移居到太空中生活时，这个设想可就要起大作用了。

·摘自《读者》(校园版)2016年第3期·

从“小鲜肉”到飞行员要过多少关

陈　薇

有人说：男孩从来长不大，只是玩具越来越高级。如果真是这样，飞机大概就是男孩的终极梦想，是“玩具之王”。而想要驾驭它，门槛自然是相当高的。

2015 年，报名国航飞行学院的应届高中毕业生有 1.5 万多人，最终在通过体检、面试、背景调查后，高考分数上线的只剩约 900 人。而这只是成为飞行员的万里长征的第一步。

那么，一枚“小鲜肉”，究竟要经过多少道关卡，才能成为真正的飞行员？

淘汰率：从 1.5 万到 900

学员坐在转椅上，闭上眼睛，头微微前倾，医生将转椅顺时针转上 5 圈后突然停止，学员立刻向前弯腰至 90°，5 秒钟后睁开眼睛，迅速抬起头坐正。类似的动作，间隔 5 秒钟后会再做上两次。

这是一项名为“旋转双重试验检查”的体检项目。检查标准很简单：学员的反应。如果有轻微头晕、恶心、面色苍白、微汗等症状，但是恢复快，那就判定为合格；如果有明显头晕、恶心、大汗淋漓等反应，则会被判定为明显前庭植物神经敏感，评为不合格。

前庭器官位于耳朵深处，功能是维持身体平衡、感受速度，如果不能承受超过常人所能承受极限的加速度，就无法当飞行员——以更通俗的话来说，前庭植物神经敏感，就容易晕车、晕船，自然不适合开飞机了。

体检依据《民用航空招收飞行学生体格检查鉴定标准》，详细规定了招收民用航空飞行学生的体格检查鉴定原则、项目和方法。其他如身高、体重、视力等指标，均详细地出现在这份标准里。

有明显的“O”形或“X”形腿；有久治不愈的皮肤病；耳朵流过脓、听力差、经常耳鸣；斜眼、色盲、色弱；有精神病家族史，癫痫病史；有慢性胃肠道疾病……都不能当飞行员。

这份精确而详尽的体检标准，会将超过一半的报名学生挡在门外。体检这一项，合格率只有 35%~40%。

唯一降低的门槛是视力。曾经的标准是需要 C 字表视力达到 0.7 以上才能成为飞行员，但随着大中学生近视问题日趋严重，这个要求被降到了 0.3。另外，还有一件事让教官忧心：报名者的听力水平也在下降中。据教官推测，这可能是因为孩子们戴耳机的时间越来越长了。

近乎苛刻的体检，只是飞行员招考程序中的初始步骤而已。应届高中毕业生要经历报名、面试、体检初检、背景调查、高考、体检复检，直至录取。每年 9 月至 10 月报名，来年高考提前批录取。

面试是飞行员招考的另一道关卡。通常 6~8 人一组，在考官面前自我介绍，再做一些立正、齐步走等动作，考官借此观察考生的形象、仪态，等等。考官还会提问考生，为什么报考飞行员，家人对此是否支持等简单问题。

“只是走两步，结果过度紧张的，头发剃得奇形怪状的，都可能被淘汰。”考官霍志伟说。借助面试，他们可以考察报名者的团队协作、抗压、责任心等能力，以此找到头脑灵活、反应迅速、记忆力好的学生。

面试的淘汰率，在诸多环节中是最高的，一般都要刷下一半以上。

从 2015 年起，国家民航总局首次提出，《飞行院校招收飞行学生体检鉴定》中，统一实施心理健康评定——明尼苏达多项人格测验。这是目前使用最为广泛的心理健康评估量表，被运用到中国航天员的选拔和美国及欧洲诸国家现役飞行员的心理健康评定中。

“你是否愿意做一名花匠？”“你一个月是否至少会拉一两次肚子？”都是报名者可能面对的问题。上百道测试题可以归类成不同量化指标，针对人类不同方面的性格特征而定。

能够冲破重重关卡的学员，已经是少之又少。

准军事化管理下的理论学习

位于四川省广汉市的中国民用航空飞行学院，从 1951 年起开始培养飞行员。截至 2015 年 3 月，学院的飞行专业在校生就有 8001 人。至今，中国民航 90% 以上的机长都毕业于这所学校。

各个航空公司把自己招收的应届高中毕业生作为“养成生”，统一集中在这所学院进行培养，唐博睿就是国航的一名“养成生”。他们在中国民航大学或中国民用航空飞行学院完成4年本科学习，并完成初始飞行驾驶技术培训，取得资格、证照后毕业，进入公司。这期间，会有部分学员被学校安排到国外航校进行飞行技术训练。

除了养成生，还有一类“大改驾”，意即公司招收的大学本科生。有的是大学毕业后，进行一年的飞行技术培训；有的是大学读两年后转入飞行学院。目前，养成生学员占了绝大多数。

唐博睿的爸爸做机务工作，外公是研究战斗机发动机的。耳濡目染之下，他从小就喜欢飞机。他于2013年9月考入中国民用航空飞行学院，前两年在院部接受地面理论学习，“两年内把4年的大学课程全部学完”，后两年就被分配到有飞机场的分院，开始了驾驶培训。

所有的老师都在强调安全。一位英语老师曾举了一个例子：一位机长没有执行检查单，落地前忘记放下起落架，触发了英文警报：“Pullup！Pullup！”不料，这位机长没有听懂。直到空管看到这一切，通知了机长。这时，飞机离地面只有十几米，再慢个两三秒，飞机接地，肯定是一起重大安全事故。这位英语老师以此来说明英语教育的重要性。

如今，唐博睿已经顺利下到分院。这意味着，他已经通过了理论学习阶段所有课程的考试，公共英语达到雅思4.5分以上，私商仪执照理论课程考试全部通过，ICAO（国际民用航空组织）英语等级达到三级以上。

他期待着真正驾驶飞机的那一天，“在能够单独飞行之前，别人还是把你看成一名普通的大学生，而不是飞行员。”他提醒自己，更大的考验还在后面。

天空中的成人礼

“如果你可以去世界上任何一个国家，你想去哪里？”“你最好的朋友是谁？”“你来自天津，那么天津有什么好吃的吗？”

这里正在进行一场英语面试。两位金发碧眼的考官，来自美国北达科他大学飞行学院（UND）——美国最大的非军事飞行训练机构。考生则是中国民航大学二年级的学生。

2003 年起，中国民航大学与国航合作共建飞行技术专业。不过，它没有训练用机场和教练机，和北京航空航天大学、南京航空航天大学等几所学校一样，大部分学生在两年地面理论学习完成之后，被送到国外 UND（北达科他大学）、IASCO（美国航空集团学院）等航校去学习。

中国民航大学 2011 级飞行技术专业本科生陈亚楠，是同级 17 名国航女飞行学员之一。2014 年年底，她刚从位于美国加州雷丁市的 IASCO 航校学成归来。在国航 4000 多名飞行员中，女性只有二三十名，别的航空公司则更少——此前，女生普遍被认为力量不足、性格柔弱，不适合当飞行员。

陈亚楠笑称自己是“女汉子”。为了锻炼她的胆量，美国教员有时会故意整出一些惊险动作：突然让飞机下降。那里的体能训练多靠自觉，每周日拉练，加速跑、原地转、蛙跳，以克服眩晕。

飞行训练 13 个小时后，学员们将会面临一次严格的筛选：放单。“单飞”是指没有教员陪同，学员独立开着真机完成所有的程序和起落。这是让每位学员如临大敌的一道槛，如果不能放单，将面临停飞——这意味着，之前为了成为飞行员的多年努力，从此作废。

除了因技术不过关，还有诸多因素也可能导致停飞。比如，不重视飞行安全。在UND，如果在单飞时拍照或达不到安全标准仍决定降落，另外，撒谎、迟到、宿舍脏乱差，类似纪律性差的种种表现，也都可能导致被淘汰。

这一轮的淘汰率，在10%~15%。

经过一次又一次的考验，直到最后拿到私人飞行执照、多发仪表等级、附加仪表等级执照和高性能喷气式飞机执照等多种飞行器执照，最快也需要15个月。拿到这些执照，还得达到ICAO（国际民用航空组织）英语等级四级以上，才可以正式毕业。

而从飞行学校毕业后，他们还只是准飞行员。进入各航空公司后，还要接受改装、考核、检查、跟飞等一系列过程。从毕业到成为真正的机长，往往需要8~10年。

·摘自《读者》（校园版）2016年第3期·

会下“钻石雨”的星球

方湘玲

某年某月的某天，天阴沉沉的，空中乌云密布，远处雷声轰鸣，一场猛烈的暴风雨即将来临。突然，一道闪电划破天空，巨大的雷声震耳欲聋，顿时狂风大作，豆大的雨点铺天盖地地落下来。请你先闭目聆听，雨点落在地上怎么还能发出那么大的响声？然后，请你睁开双眼，出现在你眼前的雨点为何那么晶莹夺目，天地之间被它们的光芒照射得五彩缤纷？原来，这是一场亮晶晶的“钻石雨”！

多么激动人心的时刻，多么让人向往的场景！相信所有人都想身临其境，与亲爱的钻石亲密接触。然而，科学家告诉我们，想在地球上见到“钻石雨”，是不可能的！但是，在木星和土星上，下“钻石雨”却是最平常不过的了。更让人为之振奋的是，在这两个星球上，“钻石雨”的“降雨量”巨大,仅就土星而言,年“降雨量”可达上千吨,很多单颗钻石“雨滴”的直径甚至超过 1 厘米。

土星和木星都是气态巨行星，它们的直径分别约为 12 万千米和 14 万千米。两颗行星上的主要气体都是氢气，它们都有着至少上万千米厚的大气层，其中参与制造“钻石雨”的是最外层的大气。在这层大气中，存在着含量不超过 0.5% 的甲烷，它们就是“钻石雨”的原料。当然，仅仅有甲烷是不够的,“钻石雨”的形成少不了另外一位举足轻重的“功臣”，它就是两个行星上的强闪电，据称，这种闪电的强度是地球上闪电的 100 倍。

在强闪电的作用下，甲烷被电流击穿，瞬间变成了碳黑，碳黑在不断下降的过程中，又因为气压的增加，变成了石墨。石墨继续一路下降，直至降了大约6400千米后,在愈来愈大的压力作用下,石墨终于华丽变身，升级成了晶莹璀璨的钻石。我们不妨试想一下，这种下“钻石雨”的场面该有多么令人心醉！但是，美丽而壮观的“钻石雨”并不会因为自己的唯美而停止快速下降。等到下降了 3 万千米左右之后，它们终于为自己如飞蛾扑火般的不顾一切付出了代价，一场令人心动的钻石雨在极高的压力和温度的共同破坏下，最终又变成了由一片液态碳组成的汪洋大海。“钻石雨”就这样昙花一现般结束了自己璀璨的行程，当然，这并非意味着结束，因为，新一轮的“钻石雨”已在酝酿之中。

对那些钻石心动的地球人，科学家遗憾地表示：人类暂时还不具备收集这两个星球上的钻石的科学技术。要实现此项技术，可能还需等待 100 年左右。

· 摘自《读者》(校园版) 2016 年第 5 期 ·

你站在太阳上有多重

佚　名

太阳表面的温度在5500℃以上，而且太阳是一个巨大的气体星球，这使得任何想要登上太阳的想法都显得非常荒诞。不过这并不妨碍科学家们尝试展开这样的估算：如果一个人能够站在太阳表面，那他的体重会变成多少?

借助一项新技术，研究人员相信他们找到了一种可靠的方法：通过对恒星亮度的测量，以不超过4%的误差水平，来确定其地表重力的强度。

借助这种方法，研究人员已经确认，如果一个人站在太阳表面上，那么他的体重将会是站在地球上时的体重的20倍；而如果他站在一颗典型的红巨星表面上，那么他的体重反而仅有站在地球上时的体重的1/50。

这项技术是由奥地利维也纳大学的托马斯·卡林格负责的一个研究

小组，与加拿大不列颠哥伦比亚大学的杰米·马修斯合作研发出来的。该方法被称作“自相关函数时间尺度法”,或者直接简称为“时间尺度法”。其使用由巡天观测卫星记录的对恒星亮度精密测量获得的数据，并观察其中存在的细微变化。

了解一颗恒星的重力场强度之后，科学家们就可以推算出，如果一个人站在这颗恒星表面上时，体重将会如何变化。

如果恒星和行星一样具有固体表面，那么当人站在不同的恒星表面上时，他将能够测得的体重数值也是不同的。

·摘自《读者》(校园版) 2016 年第 7 期·

给火星寄一封信要多少钱?

李奕霏

5 岁的英国小男孩奥利弗·吉丁斯最近和英国皇家邮政公司“有爱互动”，询问火星寄信的价格。

为了准确答复小奥利弗，皇家邮政公司找到美国国家航空航天局，最终算出一个“天文数字”：11602.25 英镑（约合 1.8 万美元）。

皇家邮政公司高级用户顾问安德鲁·斯莫特给梦想成为宇航员的小奥利弗回信，详细解释了这笔巨额邮费的计算方法。

“由于燃料非常贵，这影响着我们向周边星球寄信的费用。”斯莫特写道，“美国航天局还告诉我，‘好奇’号火星探测车最近一次火星之旅花费了大约 7 亿美元。由于飞船本身非常小，因此容量就特别有限。基于飞船重量与给火星寄信的费用成正比，他们说，带 100 克物品去火星大约要花 1.8 万美元，也就是说信封上要贴 18416 张一等邮票。”

收到回信后，小奥利弗给皇家邮政公司写来感谢信，他在信中感叹：“给火星寄一封信太贵了，得买多少张邮票！”

·摘自《读者》(校园版) 2016 年第 8 期·

去小行星采矿靠谱吗

章咪佳

地球花了46亿年孕育的矿产，散落在地球各处。可惜人类只用了几百年，就把宝藏挖得差不多了。

人类把希望放在了别的星球上，最合适不过的，就是太阳系里的上万颗近地小行星。

2015年11月26日，美国总统奥巴马签署了《美国商业太空发射竞争法案》，允许私人进行太空采矿。而早在2012年，民间资本已经大规模地投入了地外行星采矿计划。至于几十万颗小行星上面到底有什么资源，人类并不是太清楚。

但是据一些数据显示，人们在小行星上采矿，在理论上利益潜力将是巨大的。比如2012年，太阳系中的小行星241Germania，被估计含有价值95.8万亿美元的矿物储量，这将近是2012年全球一年的GDP总和。

人类要开采小行星上的富矿有两种方式：A. 自己飞过去挖矿；B. 把

小行星“抓”过来，让我们挖挖。科学的方法是：将小行星整个捕获，再借助太阳能推进器，把小行星拖拽至近月轨道，然后进行开采。

无论哪种情况，耗费的时间、经济成本都相当巨大。NASA的一项相关研究表明：将60克材料从小行星运回地球，要花费大约10亿美元。

劳师动众地去挖一趟天外之矿，不可能只像阿姆斯特朗带回月球土壤样本那样，就带点土壤回来意思意思就行了。2014年7月份刚刚和地球“擦肩而过”的编号为2011UW-158的小行星，科学家估计，它含有1亿吨白金，总价值高达5.4万亿美元。然而，要真派人过去将这1亿吨白金运回地球，成本甚至已经超过了1亿吨白金。

在地球上，白金是一种稀缺资源，但是太空中的白金可能是比较富足的，如果把大量白金带回地球，那白金可能就“嗖嗖”掉价了。

从目前来看，在地球上挖矿能致富；但到了地外行星挖个矿，搞不好要穷3代了。

NASA在2015年3月曾公布过“捕捉小行星”计划项目的细节，计划在2019年选定一颗小行星，在2020年12月发射一艘太阳能无人太空飞船，实施捕捉行动。但是，目前这一项目仍然处于规划、准备阶段。

这种方法还面临更大的困境：首先，要选出一个适合捕获的小行星，它的大小、重量、环境条件都有严格要求，人们要搞清楚这样的小行星极为困难;其次，处于自转中的小行星，状态极不稳定，很容易失去控制，挖完矿它很有可能就坠落到地球上了。

人类现在面临的困境是，不可再生的矿产资源正在一点点枯竭。“上天入地”的探索开矿计划，能为人类今后的生活做好准备，是非常必要的。可能再过几十年，去小行星采矿就有可能实现。

·摘自《读者》（校园版）2016年第12期·

给月球铺上输气管

骆昌芹

未来，人类将在月球上以及围绕地球运转的大型人造卫星上，建立起一座座大型居民点，以便开发月球和宇宙中的宝贵资源。这些大型宇宙居民点上的人数众多，有的甚至要数以千万计。除了人类以外，将来还有许多动物也要搬到这些大型宇宙居民点上，组成另一个繁华的世界！

用什么输送空气

可是，在月球和大型人造卫星上，都没有人和动物最需要的物质——空气。如果用宇宙飞船把空气从地球载运到月球上，运载 1 千克重的空气要花上几万元的代价，不但费用高昂，而且不能像自来水那样连续不断地大量供给。

怎么办呢？科学家们设想了两个方案：一是在宇宙居民点上栽种植物，让植物进行光合作用制造氧气；二是铺设一条长长的输气管，将地球上的空气源源不断地输送到宇宙居民点。

你也许会质疑，月球到地球的距离，有 38.4 万千米，别说铺设管子需要穿越一段浩瀚的宇宙空间，就是在地球上，这条长度能绕地球赤道将近 10 圈的长管子，要铺设起来又谈何容易！

是啊，这的确不是一件容易的事。不过，科学家们想出一个神奇的点子,可以不用固体材料来制造这根管子,而是用“光”来构成这根管子！

光能装空气

激光——这是大家都知道的现代“神光”，它具有功率大、方向准确、发散角度小、不受地球引力影响等优点。此外，它还有一种人们不太熟悉的特性，即“不可渗透”性。也就是说，一束激光在传播过程中，能构成一种无形的力量，使一般气体不可能穿透它！科学家们正是从新发现的这一点上设想出宇宙空气管的。

一般的激光器发射的激光，都是一束实心的“线”，如果用长圆筒形红宝石激光器来发射激光，那么，从它的环状截面输出端射出的激光，就会呈管状。如果你平时留意过，就会发现，自来水水龙头流出来的水，总是一股“实心”的水流，如果在自来水水龙头出水口的中心，放上一个比出水口小一点的圆木块，水就会从圆木块四周喷出来，并且形成一根空心的“水管”！奇妙的“光管”，就与它的情况差不多。

在这种“光管”里，光束的分布是中心部位的能量密度最小，也就是光子最少；越靠近圆周能量密度越大，也就是光子越多；到了圆周上，能量密度就会达到最大，光子数量最多，排列得也最紧密，以至于气体不可能从它那儿渗透出去,这样一来,“光壁”就像固体管壁那样可以“装”气体了!

怎么输送呢

怎样“装”气体呢?当激光器开动,“光管”形成后,把气体从“光管”的中心部位投进去,由于光子在飞速向前运动,所以投进去的气体就被光子“夹”带着同时向前飞奔,这就实现了气体在“光管”内的输送。

气体在“光管”内的输送,与液体在水管内的输送有些不同。液体在水管内输送时,由于水与管壁有摩擦力,因此一边输送一边减少能量,速度也就逐渐慢了下来,这就是在自来水管越接近水塔的地方水流越急、越远离水塔的地方水流越慢的原因。气体在“光管”里输送时,气体不但不会因为与“光壁”摩擦失去能量慢下来,反而会因与“光壁”的接触越奔越欢!这是因为“光壁”不同于固体的水管壁,它由飞速向前的光子组成。它一碰上气体分子,就会以更快的速度向前输送。这真是妙极了!

但按照目前激光技术的水平,如果用激光器把气体真正输送到月球上去,这种装置的直径要达到 89 米。月球上的接收装置,直径还要比地球上的大一倍,即达到 178 米。这在目前还不是一个理想的使用标准。

但科学家们预计,随着激光技术的突飞猛进,将来的发射装置完全可以缩小到直径只有 25 米,接收装置则可缩小到 50 米。到那时,从地球到月球或从地球到宇宙中的居民点,就可以用它来大量输送空气和氧气了!

· 摘自《读者》(校园版)2017 年第 2 期 ·

火星为什么是红色的

罗杰·拉苏尔

古罗马人因火星的颜色而崇敬它，埃及人称它为“红色星球”。在太阳系的所有行星中，火星是唯一的红色星球。为什么会这样呢?

火星的微红颜色是由以红赤铁矿形式存在的氧化铁或三价铁形成的。地球上有许多锈红色的岩石，其形成需要氧气，而氧气源于生命。最早的证据来自西格陵兰岛上有38亿年历史的条状铁层，对应着光合蓝菌兴衰的生长周期。它们以富含二氧化碳的大气为生，将氧气作为废物排出。

但是据我们所知，火星上没有蓝菌。其大气中有少量稀罕的氧气——只有0.13%。二氧化碳在其大气中占了最大的份额——95.3%，氮气占2.7%。那么，产生火星尘埃中赤铁矿晶体的氧气从何而来?

最有可能源于水。

通过环绕火星的卫星上的红外仪器收集的数据及“机遇”号火星车于2004年拍摄的冰云，我们知道火星上有冻结的水。结冰的水位于火星的南极附近的地表下约1米处，埋在其极地冰盖明亮的白色冰川下面。

但是这些锈迹的产生需要液态水。通过望远镜观察，我们尚未发现火星上有液态水。人们在火星表面艰难前进的火星车上，似乎发现了火星上曾经富含液态水的迹象。

2004年，“勇气”号和“机遇”号火星车发现，火星表面确实有纵横交错的水道。它们传回了冰蚀谷及有蜿蜒小溪和卵石印记的图像。火星上曾经是有水的，并且其之前的温度比目前的–55℃的温度要暖和得多。

火星上有水的更多证据来自2014年8月，那时“好奇”号传回了其在盖尔陨石坑着陆点的图片，图片中有均匀的层状岩体。这是典型的在湖底形成的沉积物。

在此之前，“好奇”号钻探了一块名为“坎伯兰”的火星岩石。岩石的矿物质中有很久以前嵌入其中的水分子。通常，水分了是由两个氢原子和一个氧原子形成的，但有时一个或两个氢分子会被一个较重的氘原子替代。大约每3200个氢分子中会有一个被氘原子替代。

在火星表面，正常液态水可以蒸发，而重水分子则留在其表面。由于重水分子与正常水的比例随着时间的变化而变化，这就使我们能够测量出火星上的水存在了多长时间，以及火星上曾经有多少水。

“好奇”号发现在大约40亿年前火星上就有液态水。这些水最终成了地下冰吗？我们一直想知道答案。

2015年3月，美国国家航空航天局的科学家在《科学》杂志上刊登了他们的发现。用基于地球的红外望远镜观测火星大气，他们测量出了在极地冰盖处有多少重水被冻结了。利用这个数据，他们计算出火星表面曾经有 2000 万立方千米左右的水——比北冰洋的水量还多。但是现在的情形是，这些水只有 13% 变成了目前火星两极的冰，另外的 87% 已经消失在太空了！

因此，我们相信，在某个时期火星上曾经有液态水。但是水从何而来？有两个可能的答案：

一、火星在形成时产生的水；

二、载冰彗星和小行星带来的水。希望在不久的将来会有确切的答案。

·摘自《读者》（校园版）2017 年第 3 期·

如果在太空受了伤

康　陵

极端环境下的手术

2015 年在伦敦举办的世界极端医学会议上，英国著名探险家雷诺夫·费恩斯爵士生动地描述了他的同伴在北极探险时冻伤了脚的情景。他详细介绍了如何割掉朋友脚部的溃烂皮肤组织，并展示已经暴露神经末梢的脚部照片。照片之“残忍”，甚至令观众中的一些医护人员都不得不将目光移开。

费恩斯爵士曾去过地球上很多环境极端的地区。若要在这些地方生存，要应对寒冷和其他高度危险的状况。有几次他都差点死掉——遭受饥饿、疾病，手指冻伤后自己动手截掉。其实在极端孤立的环境下，这样治疗损伤、疾病甚至进行手术，是每个探险家必备的生存能力之一。

随着人类逐渐向月球和火星进发，宇航员在太空这一同样极端的环境下，也要面临同样的紧急医疗情况。这是不是表示，太空宇航员在紧急情况下也不得不“自残”呢?

在太空受伤了怎么办

幸运的是，这些年来国际空间站的宇航员所经历的医疗状况，都没有危及生命，只有一名意大利宇航员卢卡·帕尔米塔诺险些在太空溺亡。

2013 年在太空漫步的帕尔米塔诺的头盔漏水，水不断渗入他的头盔，淹没了他的鼻子，他的视线也变得模糊，他已经不知道哪个方向可以通往空间站的舱口。他试着联系太空漫步的同伴美国人克里斯托弗·卡西迪和控制中心，但他的声音太微弱，以至于没有人听到。水渐渐进入他的耳朵，他被彻底与外界切断了。

危急时刻，他不得已在航天服上开了个“洞”，这是最后一招了，他觉得总比在头盔里淹死要好，直到他透过“眼前水帘”发现了舱口。而幸运的是，卡西迪紧随其后，舱门打开后，舱内的航天员帮着去掉了他的头盔。他向队友致谢，但听不到他们的回复，因为他的耳朵和鼻子里还有水。

除了几近溺水身亡的情况，独特的太空环境还会使宇航员出现一系列的身体问题：航天运动病（晕吐、失去方向感），背部疼痛，视力模糊（眼睛的视网膜及视神经的改变所导致），免疫系统和体液调节能力的下降……

宇航员的医疗烦恼

在《星际迷航》这部影片中，有着高超医术的太空医生麦考伊是个很讨人喜欢的角色。不过在现实中，我们已经拥有足够多的优秀宇航员，却缺乏专门的太空医生。

当然，国际空间站是有医疗设施的，但肯定不是你想象中地球上医院里的场景：舒适的床铺、明亮的灯光和各种各样的医疗器具。国际空间站的医疗设备相当原始，和普通公共游泳池的急救设备差不多，大多数辅助医疗设备都是被“简化”的小巧产品。和极地探险考察相类似，很多设备我们都无法带到太空，人类最高的医疗水平被“遗弃”在遥远的地球上，宇航员、空间站和地面的科研人员都必须接受这种风险。

一般情况下，宇航员随身携带的背包里的救生装备有：一台除颤器、一台小型呼吸机和一些急救药物。如果突然发生意外，宇航员可以暂时将伤情“稳定下来”，但这显然非长久之计。

幸亏国际空间站离地面并不太远，仅位于地球上方400千米左右，如果有生病或受伤严重的宇航员，联盟号宇宙飞船会尽快将他们送回地球。在几个小时内，宇航员就能抵达地球医院的护理中心。

但是，如果人类想前往更遥远的太空，比如搭乘飞往月球或火星的飞船，在一个陌生的世界，如果宇航员腿断了或阑尾炎发作，这将是一个危险的状况，这就需要我们配备高级医疗设备和优秀的专职医生了。

重重难题，如何克服

那么，如何解决深太空的急诊外科呢?

太空手术中，医生要面临的挑战之一是血液问题，因为流出来的血液会浮在空中。此外，由于别的微粒也不会下沉，各种各样的细菌都会飘浮在空间站的空气中，这会大大增加感染的风险。太空手术的疼痛控制也是一个难题。在太空使用吸入式麻醉药是非常困难的，因为暂时还没有合适的污染物清除系统来处理遗留的麻醉物，所以也需要开发替代手段。

其实，科学家们已经实验过几次零重力手术。

20世纪90年代初，工程师在国际空间站安装了一间设备齐全的病房，然后在沿抛物线飞行的飞机造成的失重条件下，让外科医生进行手术来麻醉兔子。但当时的实验并不是很成功。

2006年，在一架改造过的“空中客车”飞机上的模拟零重力环境中，法国的医疗小组成功为一名男子摘除了前臂上的一个脂肪瘤。这个“太空手术室”的面积只有4平方米大，所有的手术器械都用强磁铁固定在手术台上，医生则被绳子固定住，以防四处飘移。他们还利用特制的真空吸气机来吸收飘浮在空中的血液。

一直以来，美国宇航局都在寻找适合宇宙飞船的新型手术室和医疗设备，比如他们研发了一种充满液体的小圆顶，可以覆盖病人的受伤区域，外科医生可以操纵仪器、手术刀和内窥镜。该装置不仅可以防止血液喷出，同时有助于保持伤口清洁。不过要投入实际应用，可能还需要一段时间。

此外，美国宇航局也正在研制可以做外科手术的机器人，让它们通过卫星通讯接受地面医疗人员的指令，然后对需要进行手术的宇航员进行治疗。现在，机器人还不能在失重状态下进行手术。研究人员必须先取得相关经验，然后再给它们编程，使它们能够代替医生的位置。

医学博士迈克尔·巴拉特认为，机器人手术师是目前最可行的办法，而太空医务室在未来绝对会成为现实。真正的“麦考伊医生”会来……但应该不会很快。

·摘自《读者》（校园版）2017年第6期·

危险，月球正在死亡

邢泽涛　玲　子

美国国家航空航天局发射的月球探测轨道飞行器（LRO）进入了太空，这是迄今为止人类发射过的最强大的探测器，它在距离月球30千米到50千米的高度围绕着月球飞行，并向人类提供月球的图像。

但是，当第一张图像传回到地球时，科学家们惊讶地发现：月球正在缩小。人们还看到了以前未发现的深沟、裂缝、斜坡和峡谷分布在整个月球表面。而一切迹象都表明，月球正在迈向死亡之路。

托马斯·沃特斯博士是美国国立博物馆的科学家，他领导的团队分析了月球的结构变化，并利用LRO探测器获得的新图像算出了月球有多大。他们发现，在过去的40亿年间，月球的直径已经减少了100米，换句话说，月球确实已经缩小了。

美国宇航局的研究人员还有另一个惊人的发现：月球之所以收缩，那是因为其内核正在冷却。

像地球一样，月球也有一个固体内核，内核的周围环绕着熔岩，内核中心的温度大约是 1400℃。然而，与地球不同的是，月球上没有放射性元素能够持续产生热量来维持内核的温度。结果就是：月球像一个烂苹果一样会缩水，其 50 千米厚的表面在不断萎缩，而这种收缩活动会使月球表面产生裂缝。

如果月球最终缩小到没有了，地球会怎么样呢?

科学家们计算出，如果没有月球，地球的自转速度会加快 3 倍，地球的一天只需要 8 个小时；快速旋转导致的巨大温差将产生更猛烈的气流运动，飓风将横扫整个地球，温度也会失控；巨大的小行星可能会直接冲撞向地球表面……

好消息是，现在的我们不太可能会亲眼见证月球的毁灭。毕竟 40 亿年的时间过去了，它的直径才减少了 100 米，按此速度，需要花费上千亿年时间它才能完全消失。到那时，不仅月球，我们的地球乃至太阳系也许都已消失不见了。

·摘自《读者》(校园版) 2017 年第 7 期·

太空飞行会改变大脑形状

佚　名

一项针对宇航员执行太空任务前后的大脑磁共振成像（MRI）检查结果显示，在太空飞行中宇航员的大脑会发生收缩和膨胀。

据密歇根大学运动机能学和心理学教授蕾切尔·塞德勒说，这一发现可能对治疗其他影响大脑功能的疾病有所帮助。

在太空飞行中，宇航员大脑中的灰质有所增减，而其变化程度取决于宇航员待在太空中的时间长短。

塞德勒及其同事分析了 12 名曾进行为期两周的太空飞行的宇航员和 14 名在国际空间站待了 6 个月的宇航员的大脑结构 MRI 结果。他们发现，所有宇航员大脑不同区域的灰质都有所增减，宇航员待在太空中的时间越长，其大脑中的灰质变化就越明显。

塞德勒说："我们发现灰质大片大片地减少，这可能与脑脊液在太空中的重新分布有关。由于缺乏重力，脑脊液无法向下流动，在太空中就会出现脸部肿胀的现象。这可能导致大脑位置出现变化或大脑收缩。"

研究人员还发现，控制腿部运动和处理来自腿部的感觉信息的大脑区域的灰质增多了，这可能反映出大脑正在学习如何在微重力环境下运动。空间站里的宇航员的这类变化更大，因为他们的大脑一整天都要学习和适应。

尽管研究人员还没有确定这种变化的根本原因，但这一发现可能会为治疗特定的人群（比如需长期卧床的人或那些患正常压力脑积水的人）提供新思路。

·摘自《读者》（校园版）2017 年第 8 期·

我们的身体起源于远古的恒星爆炸

【美】科特·施塔格
孙亚飞　编译

在一个充满生命的星球上，任何一个分子的消亡都是不可避免的，在历史长河中也是无关紧要的。在汉斯·莫尔和彼得·朔普费尔合著的《植物生理学》中，他们曾测算，自4亿年前陆生植物进化出森林以来，它们的光合作用就相当于将所有的地表水分解了60遍。

从地质学的角度来讲，你所使用的大多数水和氧气的年龄普遍只有数百年或数千年，而非数百万年。因此，尽管我们和恐龙呼吸着同样的空气、喝同样的水这样的想法很酷，但在很大程度上并非事实。另一方面，构成这些氧气与水的原子的历史就要悠久多了。

如果你可以检测舌尖上分泌的单个水分子，或许你能发现宇宙两个不同历史阶段留存下的遗迹。138亿年前，在宇宙大爆炸发生后不久，属于你的那些氢原子就在亚原子颗粒的云团中凝聚而成。但氧原子还完全没有出现，因为氧原子需要在恒星中形成，而此时第一颗恒星都还没“出生”。你体内的那些氧原子比氢原子要年轻几百万岁甚至几十亿岁。

当原始的氢原子聚集成团簇，并变得足够庞大、密度足够大、温度足够高，便足以引发核聚变反应——第一代恒星就被点燃了。太阳核心的温度高达数千万摄氏度，其能量也来自类似的反应。在那团无比灿烂的等离子体中，电子脱离原子核的束缚，失去电子的原子核直接轰击了其他没有电子云保护的原子核。如此猛烈的撞击使得带正电荷的质子克服了相互之间的斥力，更强大的核力（强作用力）将它们结合在一起。新形成的结合体是氦原子的原子核。太阳能够在 1.5 亿千米以外促成地球上全部的光合作用，能够让你躺在沙滩上晒日光浴，靠的都是核聚变产生的巨大能量。

然而，你体内的氧原子诞生于更大的恒星中，这样的恒星可以使氢原子聚变成更重的元素。在水分子中，氢原子依附于占绝大部分质量的氧原子，但形成氧元素的核子曾经与更轻盈也更古老的氢原子是完全相同的。

当超巨星逐渐衰老并死亡时，新形成的氧原子就像花粉一样，从这朵明亮的火焰之花上飘落，飘散到了太空中。对夜空的观察好比是在游览一座花园，组成生命的各种元素在花园中渐渐成熟，而你的身体就是恒星花园收获的果实组成的复合体。

人们常说太阳为父、大地为母，但从原子层面上说，更精确的阐述应该是，地球和太阳都是我们的兄弟姐妹，因为形成它们的恒星残骸，其成分和我们体内的元素一模一样。从某种意义上来讲，地球确实是我们的代孕母亲，因为我们的身体起源于它，但我们如今能够存在，根本上还是因为那些已经死去很久的恒星生母。

· 摘自《读者》（校园版）2017 年第 8 期 ·

快去宇宙抢矿藏

何 忧

壮阔的荒凉

这是 1969 年美国宇航员巴兹·奥尔德林登上月球时的第一印象。现在,尘封 40 多亿年的月球依然是一片苍凉沉寂,但这个状况不会持续太久。如果太空采矿步入正轨，未来的月球旅行者将看到一副完全不一样的场景：深深的伤痕、忙碌的挖掘机器人和连绵的矿山。

这看起来像是未来主义者幻想中的场景，但并非不可思议。各国公司已经“磨刀霍霍”，准备瓜分宇宙啦!

—

去太空挖矿

2015年11月，美国总统奥巴马签署了《商业太空发射竞争法案》，允许美国公民和公司去太空采矿。这被认为是正式开始瓜分宇宙资源的标志。

大家也许曾疑惑我国为何要耗巨资打造飞行器，然后只是去月球晃一圈儿。其实，各国登陆月球在某种程度上就是“圈地运动”，划定着陆区域为各自的“势力范围”。

垂涎月球资源的还有俄罗斯。俄罗斯科学家已经制订了在月球开发矿藏的长远计划。当然，美国在这方面走得更远。美国航天局每年都会举行一次机器人采矿竞赛；谷歌公司则为月球X大奖提供赞助，如果参赛者能让机器人登上月球并行走500米，就能获得数千万美元的超级大奖。这让美国走在瓜分月球的前列，美国已经成立了多个致力于开发月球资源的公司，比如月球快递公司已经着手研发用于月球商业发展的飞行器了。

月球上究竟有什么值得这些大国垂涎的资源呢?

首先是水。美国宇航局已经在月球的极区发现了大量冰冻水。冰可以用来生产宇航员和矿工所需的饮用水、食品和生活用水，也可以被分解成氢气和氧气作为火箭等设备的燃料。事实上，如果无法成功将月球上的水转换成燃料和呼吸所需的氧气，那么月球采矿计划在经济上是低效的。因为从地球上运送水和氧气去月球的难度和成本都太高，根本不合算。

其次是氦-3。氦-3是氦的同位素，原子核只有1个中子，是世界公认的高效、清洁、安全、廉价的核聚变发电燃料。氦 –3 在地球上的含量极低，但月球上拥有大量的氦 –3。据估计，月球上有超过 100 万吨氦 –3。太阳系的氦 –3 是由太阳产生的，它们随着太阳风在宇宙中飘散。但地球的磁场和厚厚的大气层使得氦 –3 几乎无法抵达地球表面，所以地球的氦 –3 含量极低。而月球没有被厚厚的大气层包裹，所以在过去的数十亿年里月球积攒了海量的氦 –3。

不止氦 –3，月球上的稀有金属储藏量也比地球多，比如稀土元素的总含量为 225 亿 ~450 亿吨，钛铁矿的总含量约为 150 亿吨。

有人认为，到 21 世纪中叶，月球或许会成为人类的第七块大陆，人们将在月球极区建立定居点。

除了月球，还有一些公司把掠夺的触角伸向了小行星，比如美国的行星资源公司和深空工业公司。小行星被这些公司戏称为唾手可得的“太空水果”。小行星拥有丰富的水和大量在地球上越来越难获得的珍贵资源，比如铂、钇和镧。据估计，小行星地壳中，1 吨岩石就至少含有 28 克铂。按照市场价，28 克铂的价格约为 1500 美元，这意味着一颗直径为 30 米的小行星就可能含有价值 250 亿 ~300 亿美元的铂金矿。

除了开采矿藏，小行星还可以作为太空“加水站”，为过往的飞行器提供水。行星资源公司估计，一颗含冰量 20%、直径仅为 45 米的小行星，就足以为航天器飞行提供所需的液氢和液氧。

还有一些人的想法更大胆，他们计划着把整颗小行星抓过来。这样小行星到了自己的地盘之后，要怎么利用岂不更随意。比如，2013 年美国宇航局就向美国政府提交了一份“捕捉小行星”的方案。该方案计划捕捉一颗重约 500 吨的小行星，并把它带入近月轨道，来充当日后宇航员登陆火星时进行补给的中转站。

如何找到矿脉

无论是在月球还是小行星上采矿，都面临着一些巨大的挑战，首先是要找到富含令人垂涎的矿脉的准确位置，并对其开发价值进行评估。

为了确定矿产的位置，美国宇航局制作了一张月球“寻宝图”，上面显示了月球表面富含珍贵钛矿石的区域。我们知道，不同物质会吸收或反射不同颜色的电磁波，从而呈现不同的颜色。据此，美国宇航局的月球探测轨道器配置有多光谱成像仪，它以 7 个不同波长的电磁波扫描月球表面，得到大量清晰的照片。照片上不同的颜色便代表不同的矿物，而色彩浓度则代表含量。

知道了矿物的大致分布范围之后，还需要进行实地考察，以确认矿脉确实存在并值得开采。月球快递公司已向美国联邦航空管理局，递交了向月球发射带有取样器和探测器的月球登陆器的申请。如果申请能通过的话，登陆器将于今年发射。登陆器将采集样品，以确定珍贵矿产和水的存在。

和月球相比，勘探小行星面临的难题更多。因为它们数量庞大，成分各异，而且并不是每一颗都具有开采价值。为此，行星资源公司收购了小行星数据库。

小行星数据库整理了来自美国宇航局喷气推进实验室和哈佛小行星中心的数据，记录了超过 58 万颗小行星的科学信息和准确的空间位置，并对它们的经济价值进行评估和排行。通过估算，5 颗最容易到达的小行星的价值在 80 亿 ~950 亿美元。

行星资源公司将在地球轨道附近派驻大量小行星勘探飞船，上面也放置了多光谱成像仪。同美国宇航局一样，该公司希望把反射率作为评估小行星包含多少资源的指标。一旦发现富含稀有金属矿产的小行星，公司将发射航天器去小行星上一探究竟。

而深空工业公司更倾向于直接派遣取样飞船去小行星，就地分析其资源含量。因为富含水分的小行星的反射率很低，它们看起来比煤炭还黑，所以很难在黑暗的太空中获得它们的清晰图像。

如何采矿

找到矿产之后，还要解决如何在低重力或零重力条件下安全着陆和采矿的问题。对于任何被送往其他星球进行挖掘工作的机器人而言，首要的条件便是它必须小巧轻便，以便于放到火箭上进行发射；但反过来，它也必须具有一定的质量，这样才能稳稳地落在那些重力比地球小的星球上，并顺利展开工作。

要兼顾这两点并不容易，至少科学家们目前还做不到。比如 2014 年 11 月，欧洲航天局的菲莱登陆器在登陆彗星 67P 时就出现了失误。登陆器着陆的时候被地面弹开，最后降落在悬崖附近。此地的光线不足，导致登陆器供电不足，无法正常工作。小行星的质量和彗星差不多，所以登陆小行星和登陆彗星时所面临的情况差不多——引力很小或没有引力，这使得着陆和取样都成为难题。

为了解决这些难题，这些公司各出奇招。在深空工业公司的计划中，派遣到小行星的取样飞船除了检测行星资源，还将一并检测其“可挖掘度”。可挖掘度意即登陆该小行星和挖掘矿产的难易程度。

曾协助美国宇航局开发“勇气号”和“机遇号”火星探测器的蜜蜂机器人公司，设计出了一款多“脚”的小行星水分提取器。它的多只特别设计的“脚”让它能牢牢地附着在小行星表面，哪怕表面如混凝土一样坚硬。小行星水分提取器通过钻孔获取混有冰的土壤，然后从中提取水分以供使用，而剩下的干燥土壤可以作为分析资源的样本。

美国宇航局正在测试用于月球露天开采的采矿机器人。这台名为Rassor（全称“表土层先进表面系统操作机器人”）的采矿机器人两端都有滚轮式的铲斗。这两个挖掘滚轮可以向着相反的方向旋转，互相为对方提供足够大的摩擦附着力，让挖掘工作得以在低重力环境中顺利进行下去。然后，这些小“矿工”将挖掘到的土壤倒入专用的设备中，分离水分和矿物。

谁挖到就归谁吗

在不久的将来，我们不仅可以将太空资源运回地球，还可以直接在太空建立加工工厂，甚至将破坏地球生态环境的工业迁往太空。

不过在此之前，我们得先明确，太空采矿是否合法，采到的矿产将归谁所有?

目前仅有两个国际条约提到过太空矿产开采问题:《外层空间条约》和《月球协定》。二者都认为，太空是属于全人类的，人们可以自由开采和利用月球及其他天体的资源。从中我们可以看出,确实是谁挖到就归谁。也就是说,如果我国明天在月球上挖出了几百吨镧的话,我们并没有犯法,并且这些镧都是我们的。

随着太空采矿事业的快速发展，许多经济问题也随之产生，最明显的问题就是所有权冲突。如果有多个公司宣称自己有权利开采某颗小行星，并在上面建立工厂，我们可以想象这些公司及其所在国家间将爆发的矛盾。事实上，这已不仅仅是资源开采问题了，它已逐渐成为地缘政治问题，没有国家希望其他国家成为某个星球或某项资源唯一的拥有者。

另一个大麻烦是垄断和随之产生的贫富差距。进入太空采矿行业的高成本，加上经济和法律制度不健全，会造成该行业史无前例的垄断。只有极少数人能把公司开到外太空，并建立连锁机构，其产出将成倍增长，或许到最后会发展成为一个比地球上任何企业都大数百万倍的公司。所以太空采矿业会将资本集中到少数人手中，加剧贫富差距。

不过这些问题都无法阻止人类瓜分宇宙资源的步伐，人类将会建立一个涵盖整个外太空的完整的经济制度和法律体系。到那时，太空中就将布满人类的开采基地，上面穿梭着各种忙碌的机器人，部分人类也将移居于此，负责维护生产设备和进行其他科学研究。

·摘自《读者》（校园版）2017 年第 10 期·

人类有没有可能把火星炸毁

【美】比约恩·凯里

张　韵　编译

如果宇航服破了，宇航员的头会炸开吗

好莱坞大片让人们误以为在太空中死去会非常恐怖，简直令人毛骨悚然，但事实上不是这样。先从好的方面说，就算你的宇航服破了，你的脑袋也不会爆炸。那从坏的方面说，情形会怎么样呢？你的血液会沸腾起来，这样一来你还是会死的。让我给你具体解释一下吧。

首先，让我们把那些电影特技中所展现的死亡效果排除在外。在电影里，头部爆炸的情形来自于对基础物理知识的误解：处于一定压力下的物体，当压力降低时会发生膨胀。也就是说，人体在正常情况下处于 1

个大气压的压强下，如果让人体暴露在压强为零的真空中，那么人体就会发生膨胀，不过你可能还可以承受。在现实中，这种压力上的差别还不足以引起爆炸这类现象。但你的皮肤会膨胀到比正常情况下大两倍左右的状态。这种膨胀会很痛苦，不过仍能生存。一旦你返回地球，皮肤会迅速地恢复到原来的状态。

血液沸腾却是个有点棘手的问题——在这个问题上，科学家们仍存在着分歧。众所周知，液体的沸点会随着压强的下降而降低，这是毋庸置疑的。在压强为零时，37℃的体温就足以使血液沸腾。这个论点是支持“血液沸腾说”的主要理论依据。但持反对意见的科学家们提出了一个有说服力的反驳理论：由于血液循环系统是封闭的，心脏跳动提供的是恒定的血压，而血管是有弹性的，血液也会受到挤压，此时血压会有所下降，但还不会降到让你的体温能煮沸血液的程度。还有第三种意见，认为血液看上去似乎是沸腾了，但其实可能只是把溶解在其中的氧气和氮气释放了出来。在这种情况下，唾液可能会在嘴里“烧开”。这种看法的根据是 1967 年一名美国宇航员在培训中意外地暴露于真空中时的亲身体验。

现实的情况是，如果你的宇航服破了，由于氧气泄漏，你将死于窒息。这不仅仅是理论上的推断，在现实中这种不幸也确实发生过。1971 年，由于阀门故障，苏联“联盟 11 号”的机组人员在重返大气层之前，就因窒息而全体遇难。当地面工作人员找到他们的航天舱时，里面的遗体没有任何外伤迹象。直到对遗体进行解剖以后，工作人员才确认了宇航员的死因是缺氧。

假如你发现自己处在这种情形中，不要憋住气不呼吸。因为，如果你肺里充满了空气，你的肺和太空之间所形成的压力差会引起爆炸般的减压。此时，因为空气迅速膨胀造成了减压，所以发生了爆炸。你大概可以猜测到了，爆炸般的减压会使你的肺炸开。尽管这与好莱坞大片里的画面不大一样，可仍然是个相当不愉快的画面。

如果宇航员在太空行走时飘走了，NASA 是否有救援方案

这种事从来没有发生过，但 NASA（美国国家航空航天局）也不敢保证这种事永远都不会发生。实际上，宇航员一般不会完全自由地飘浮在太空中。只要他们在国际空间站外面，他们将始终与空间站上的一根钢丝绳连接在一起。如果同时有两名航天员在太空漫步，通常情况下，他们之间也会用钢丝绳相互连接在一起。

要是系绳不知何故不管用了，宇航员们还有一个绝妙的装备——飞行背包！每个宇航员都会佩戴一个叫“安全背包”的装备,它的全名是“舱外活动简化救援包（SAFER）”。每个救援包内部都有一个氮气喷射系统，可以把宇航员推回空间站。

如果宇航员在火星上遇难，该如何处理他的遗体

“虽然我们还没有遇到过这类情况，但很可能有一天会面对这类事情。”NASA 生命伦理顾问、埃默里大学伦理学中心主任保根 · 沃尔普这样说。在此声明一下,他对未来情况的观点并不代表空间计划的官方立场。

“我可以很有信心地说，如果一名宇航员在去月球执行短期任务时不幸遇难，宇宙飞船会改变航向飞回地球;但是如果宇航员是在火星上遇难，或是在去火星途中的任何地方遇难，事情就变得比较棘手，无论在哪里返回都是不明智的,实际上也是不可能的。对于遗体的处理只有两种选择：留在那儿或带回家。我的猜测是，NASA 将尽一切努力把遗体带回家。对

于其他的机组成员来说，把遗体带回家也应该是非常重要的。这样做会使他们在3年的任务期内更加团结，成为一个更加坚强的集体。虽然被挑选来参加此项任务的宇航员都会具备一种气质，不会因为与一具尸体共乘飞船回家而魂飞魄散，但在途中，他们可能需要能帮助其克服悲伤的心理辅导。此外，当一个人去世了，其身体就成为下一代的合法财产，亲人们都会希望他的遗体能回家。NASA 肯定会把这种要求考虑在内的。

“死亡的原因可能是做决定时的重要因素。如果宇航员由于跌进峡谷死亡，把他的遗体从峡谷中抬上来就有可能危及机组其他成员的性命。还有一种非常非常小的可能性，比如宇航员的衣服被撕破，他可能会被一种致命的病毒感染，这种情况同样也会危及其他成员的生命，甚至危及地球。当然，现在还没有证据证明火星上存在任何有危险的生物，但仍然需要有关这类情况的措施与计划。如果没有遏制病毒传播的办法，我们就不得不把遗体留在火星上。可是反过来想一下，这样做会不会又把火星给污染了呢？”

在保证安全的条件下我们离太阳多近

在太阳系的所有天体中，太阳应该是我们最不想靠近的天体，因为它在不停地喷发着放射性物质，而且，即使在这颗恒星表面最冷的地方，仍有大约5500℃的熊熊大火在燃烧，这个温度几乎可以焚烧所有的材料。所以，近期内没有任何派遣载人航天器靠近太阳的计划（反正火星看上去更有趣）。

但这并不妨碍我们去弄清楚人应该在什么距离内掉转船头才不会丧命。你或许想不到，人靠近太阳的距离可以近得惊人——地球距离太阳大约有1.5亿千米远，在你燃烧起来之前，你大约可以走完这段距离的95%。

也就是说，一名宇航员只有如此接近太阳后才会出现问题。负责NASA“信使号”探测器隔热工作的工程师拉尔夫·麦克纳特说：“以我们目前的技术水平，制造出来的宇航服的确还不能承受深空的严酷环境。”标准宇航服能够保持宇航员在外部温度达到120℃时仍旧感到比较舒适，但一旦高于这个温度，宇航服就会变成贴身桑拿服，其内部温度将超过52℃，人将处于脱水状况并昏迷过去，最终死于中暑。

太空闻上去什么味

太空的气味怎么样？就像是赛车场上弥漫的那样，烧红的金属、柴油废气，还混杂着一丝烧烤味。太空的气味来自何方？主要来自死亡的恒星。

路易斯·埃拉曼达是NASA艾姆斯研究中心天体物理和天体化学实验室的主任，他说，太空当中充斥着碳氢化合物的分子，碳氢化合物燃烧会产生一种称为“多环芳香烃化合物”的臭味化合物。其实含碳燃料（如木柴、木炭、油脂和烟草）燃烧时都会产生同样的气味，烤焦的肉也是这味儿。这些分子“似乎弥漫在整个宇宙中，而且永远飘浮在那里”——在彗星、流星和太空尘埃中。这些碳氢化合物甚至被列为地球最早期生命形式的组成物质。怪不得在煤、石油甚至食品中都可以找到多环芳香烃。

埃拉曼达解释说，我们身处的太阳系是特别臭的，这里的含碳量高，而含氧量却极低，就像所谓的“乌贼车”，你切断它的供氧，会看到滚滚黑烟，闻到阵阵恶臭。而富氧的星系气味就好闻多了，有一缕如木炭烧烤般的香味。一旦你离开我们的银河系，气味会变得十分有趣。在黑暗的宇宙深处，充满了由微小灰尘颗粒组成的分子云，从甜糖般的气味到臭鸡蛋的恶臭，五花八门，就像一个名副其实的集结异味的大杂烩。

有没有可能把火星炸毁

用目前人类可以掌握的任何核动力设备，都不可能摧毁这颗红色星球。我们这里还没有把资金问题考虑进去。行星可以在经受巨大的攻击后仍旧存在——火星上的陨石坑海拉斯盆地就是证明。这个盆地的宽度有 2000 多千米，它表明火星曾经与一颗庞大的小行星相撞过，产生的冲击力远远超过 1 万亿吨的爆炸当量。如果这样大小的流星撞击到地球上，瞬间就可以毁灭所有的生命。

相比之下，在曾被测试过的最强大的核武器中，苏联的“沙皇”核弹也只有 5000 万吨的爆炸当量，大多数国家的核武库中储存的核弹都在 20 万吨至 40 万吨爆炸当量。对巨大的行星而言，这些核弹就如同生日聚会上放的鞭炮一样。面对一个像火星那么巨大的物体，不但一颗核弹无济于事，就算把现有的核武器都加在一起，也不可能炸毁它。

· 摘自《读者》（校园版）2017 年第 11 期 ·

搭乘电梯去太空

姜　靖

太空电梯，100 多年前就被提出

在《圣经·创世纪》中有这样一则故事——地面与天空用“天梯”连接，人可以通过“天梯”往返于天地之间。雅各布在梦中沿着登天的梯子取得了“圣火”。后人便把这梦想中的梯子，称为“雅各布天梯”。

太空电梯的概念最早在 1895 年提出。当时，俄罗斯火箭专家齐奥尔科夫斯基从巴黎的埃菲尔铁塔得到灵感，大胆提议从地球的表面到其静止的轨道高度建一个“独立的塔楼”，并通过一条缆绳和一个电梯舱，将“塔楼”与地面连接起来，这样太空飞船可以不通过火箭发射就进入轨道。不过这在当时看起来简直是天方夜谭，甚至有人嘲讽他“不如改行去写科幻小说”。

不过太空电梯的概念自从被提出后，确实也成了科幻小说中常见的创作元素。1978 年，被誉为现代科幻三巨头之一的阿瑟·克拉克，就曾将这一设想写进他的科幻巨著《天堂之泉》。这部小说描绘了在一座热带岛屿上，人们可以通过搭乘落在赤道上的一座天梯前往太空观光或运送货物。

2015 年世界科幻小说最高奖“雨果奖”的获得者刘慈欣，在其科幻著作《三体》中，也多次提及太空电梯。其中有这样一段描述：

“所有的太空电梯都只铺设了一条初级导轨，与设计中的四条导轨相比，运载能力小许多，但与化学火箭时代已不可同日而语。如果不考虑天梯的建造费用，现在进入太空的成本已经大大低于民航飞机了。”

不光在文学界，在现实社会中，太空电梯也激发了科研人员的兴趣。

“我喜欢这个异想天开的创意，”伦敦大学学院高度、空间和极端环境医学中心创始人凯文·方在接受 BBC 电视台的新闻采访时说，“我能理解人们为什么被太空电梯的概念吸引，如果我们能以廉价和安全的方式进入太空，整个太阳系就会成为我们的囊中之物。”

预计耗资近百亿美元，值得吗

太空电梯之所以能点燃各国科学家的研究热情，低成本是主要原因。据国际宇航科学院（IAA）报告统计，一旦太空电梯建立，携带负载进入太空的成本可由每千克 2 万美元下降至 500 美元，可以为人类省下一大笔费用。

这主要是因为化学燃料占火箭 80% 的空间，14% 为火箭的主要结构，只有 6% 的空间可以载人，发射和回收成本高昂。相比之下，太空电梯则拥有体积小、耗能低的优点。

而且加拿大托特技术公司也估算过，太空电梯应用后，航天飞机太空飞行的成本能节省大约 1/3，会大大提高人类造访太空的频率，此举将开创人类探索太空的新纪元。为此，目前全球已有数个太空电梯项目在加快执行步伐。

1991 年，碳纳米管被日本研究员饭岛意外发现，这种新型材料具有拉伸强度高、抗形变力强等极佳的力学性能，被科学家认为是制作太空电梯的最理想材料。

8 年后，受美国国家航空航天局（NASA）资助，洛斯阿拉莫斯国家实验所的布拉德利·爱德华兹博士，制订出使用新型碳材料制造太空电梯的方案，并发布了用碳纳米管材料制作太空电梯的可行性报告。他还指出，太空电梯的成本为 70 亿至 100 亿美元，这远远低于其他大型太空项目的投资。

找到制造材料是最大挑战之一

根据科学家的设想，太空电梯的主体由 5 部分构成：地面基座、缆绳、电梯舱、太空站和重量平衡器。

其运作模式大致如下：从距离地面 3.6 万千米的地球同步卫星上“抛”下一根缆绳，下垂至地面基站，在引力和向心加速度的相互作用下，缆绳被绷紧；电梯舱则沿着缆绳往来运输人和物；此外，为保持平衡，在太空站远离地球的另一侧，也要架设数万公里的缆绳索道，并在缆绳末端连接一个重量平衡器。整条缆绳全长约为 10 万千米，大致相当于地球到月球距离的 1/4。

那么在现实中要建造太空电梯，挑战在哪里呢？

从哥特式大教堂到摩天楼再到太空电梯，在建造任何高层建筑时，坚固度和平衡重心是两大关键。不过直到现在，可用于制造太空电梯所需绳索的材料仍屈指可数。

一根普通的钢丝从 9 千米的高空中垂下来就会被自重所拉断。好在碳纳米管的发现，让人们重新燃起了希望。2014 年 9 月，美国科学家、宾夕法尼亚州立大学的化学教授约翰·巴丁在《自然材料》上发表文章，称他们研发出了超细、超坚固的纳米线，比之前发现的碳纳米管更坚固和牢靠。“我们的纳米线就像是一个由尺寸最小的钻石串成的微型项链，其中一个最疯狂的想法就是用于制造超级坚固的轻型绳索，让打造太空电梯的梦想成为现实。”巴丁说。

目前，太空电梯不再被当作一个“超前命题”，这个项目逐渐被美国航空航天局、欧洲航天局等研究机构所接受。随着新材料科学的发展，太空电梯开始从幻想走进现实，不再是那么遥不可及。

·摘自《读者》（校园版）2017 年第 12 期·

你会被人造卫星砸中吗

钱　航

好莱坞动作电影《极限特工 3》讲述了这样一个故事：全球卫星网络被犯罪分子控制，罪犯扬言要定时让每颗卫星坠向地球。为此，美国政府请来了身怀绝技的桑德·凯奇，由他带领一组特工夺回控制设备“潘多拉盒子”。不过，看过电影的观众可能会产生疑问：人造卫星真的能那么容易就被控制吗？太空中的卫星坠落并砸中人的概率究竟有多大呢？

迄今，世界各国累计发射了数千颗卫星。如果一颗卫星在“寿终正寝”后仍沿轨道飞行，就存在和新卫星相撞的危险，属于太空垃圾。因此，国际条约规定，轨道高度在 2000 千米以下的卫星需在结束使命 25 年内落地销毁。卫星结束使命前会收到让其降低高度的命令，最终坠向地球——当然，因故障失控而只好等着自然坠落的卫星也不在少数。

从 20 世纪 70 年代起，每年约有 200 枚火箭和卫星坠落，最近几年，每年也有 50 枚左右。卫星一边绕地球飞行，一边在大气层稀薄边缘的摩擦作用下逐步降低轨道高度。当卫星在扎进高度在 130 千米左右的高密度大气层后，由于空气阻力增加，高度骤降，就会在摩擦作用下开始自燃。所以，它们大部分会在大气层中燃为灰烬。这样的话，每年只会有数枚卫星的零部件落到地面。

一般来说，卫星的零部件残骸砸中人的概率是数千分之一，砸中某个特定人员的概率是几十万亿分之一，远远低于发生交通事故的概率。

·摘自《读者》（校园版）2017 年第 12 期·

能在太空饮酒吗

妃　子

旅行到离地球数万米的高空，是一件非常令人兴奋的事情。不过远离家人和朋友的孤单感、无聊感等一系列负面情绪，也会相继而来。想象一下，如果在这个时候喝点小酒，是不是也可以放松心情？可惜的是，即便现在太空食物门类齐全，饮品清单里依旧没有酒。这是为什么呢？

1985 年，美国联邦航空管理局曾进行了一次相关实验。实验中，17 个志愿者在一个模拟海拔 3700 米的房间里喝下一定剂量的伏特加。随后，这些志愿者要完成一些复杂的任务，包括回答数学问题、使用操纵杆在示波器上跟踪灯光，以及其他各种复杂的测试。研究人员发现，在海拔更高的地方喝酒，人既不会更容易醉，也不会影响执行复杂任务的表现。人之所以感觉容易“醉”，研究者推测可能是人们在高海拔的地方，容易产生高原反应。高原反应是当人们暴露在低压低氧环境中时，出现的一系列不良生理反应，比如头痛、恶心、呕吐、步态不稳等症状，这些反应与酒喝多了的感觉类似。

那么，这么说来，在太空喝点小酒就没什么问题了吗？

这倒也不是。国际空间站不仅禁止个人在空间站饮酒，就连含有酒精的产品，如漱口水、香水等也不允许带上太空。一个重要的原因是在地球上，我们胃里的气体和液体是分开的，气体位于液体的上方，因此通过打嗝就可以释放气体；但是在太空的微重力环境下，气体会和液体融合，这意味着如果宇航员喝酒，会喝到更多的气泡，更容易打嗝，而且在太空中打的嗝是一种“湿嗝”，这是一种酒精与气体的混合物。

由于太空水回收系统会收集空间站里宇航员从尿液、汗液到呼吸气体中的所有水分，所以，这种含有酒精的湿嗝会对水循环系统产生很大的影响，因为酒精一旦混入水中就很难被去除。这样既会污染太空舱的空气，也会让水回收系统很难处理这些“胃液”。

不过，许多太空实验都会涉及酒精实验。比如，2015 年，日本著名啤酒品牌“三得利”还曾将自己旗下获奖的威士忌送往国际空间站，看看微重力环境下的啤酒会不会变得更好喝。而俄罗斯的规定则更宽松，在俄罗斯和平号空间站上，宇航员们可以喝少量的白兰地和伏特加。

·摘自《读者》（校园版）2017 年第 12 期·

你听过流星的声音吗

仉博简

当一颗流星呼啸着穿过地球上空的大气层时，对于我们来说，却是一场无声的表演。大多数流星会在离地面 100 多千米的高空燃烧殆尽，即使流星产生的声音足够响，鉴于声速远慢于光速，声音也是在这种视觉奇观过后好几分钟才抵达地面。

然而，据多年来的许多目击报告记载，在流星出现时有一种奇怪的“吱吱”声与之相伴，听起来就像有人在煎蛋。最近，美国桑迪亚国家实验室和捷克科学院的研究人员表示，他们发现了一种机制，可以解释与流星相伴的“吱吱”声。

闪烁的流星

他们说，这种“吱吱”的声音确实存在，但它们不是来自流星周围空气分子的振动，而是来自地面，不过这种声音与流星产生的光有关。

捷克科学院曾利用高速摄像机，记录了100多颗流星火球产生的光。记录到的光变曲线显示，流星产生的光其实是由一系列闪光——亮度会忽明忽暗的光——组合而成的。这是因为大多数流星变成火球时，燃烧是很不稳定的。而流星燃烧时的温度可以接近太阳的表面温度，产生的闪光能量巨大，可以一路抵达地面。

地面上某些物体接收到周期性变化的光照时，它们温度的升降会引起体积的胀缩，搅动周围的空气分子，于是就产生了声波。声波的频率与闪光亮度变化的频率相同，如果处于人耳的听觉频率范围（20赫兹到2万赫兹），那么人就能听到声音。

上面所说的现象被称为“光声效应”，是美国发明家亚历山大·格拉汉姆·贝尔于1880年首先发现的。

听起来如在煎蛋

研究人员还对他们的想法进行了测试。在消声室（一间能隔离外界所有声音的实验室）中，他们放置了一盏LED灯和一个麦克风。研究人员让LED灯不停地闪烁，并照射各种物品，包括木头、画作、毛毡和假发等,他们记录到了微弱的与目击报告提到的相同的声音——“啪啪”“吱吱”“沙沙”的声音。当LED灯以1000赫兹的频率闪烁时，被照射的物体产生了一种大约25分贝的声音，这足以直接被人听见。所以说，这个测试证实了他们的想法：流星可以把能量从空中以电磁辐射的形式迅速传到地面，并加热地面上的物体，让它们发出煎蛋时的“吱吱”声。

他们还发现，能迅速吸收光但导热性很差的材料所发出的声音最响。这种材料包括深色衣服、头发、树叶和草等。他们的模型显示，流星的亮度跟满月差不多或更亮时，就能在地面上产生光声效应，而且只要流星产生的光闪耀的频率处于人耳的听觉频率范围内，我们就有机会听到与流星相伴的“吱吱”声。

所以，如果你能够幸运地发现一颗流星，仔细听，它可能正在跟你说话。

·摘自《读者》(校园版)2017年第13期·

天上有什么资源

戚发轫

轨道资源

航天器在天上运行，是遵循天体力学的规律沿着轨道运行的，这个轨道资源是有限的，非常珍贵。

首先，最珍贵的轨道资源就是地球的静止轨道，一颗静止轨道卫星可以覆盖地球表面约 1/3 的区域。卫星被发射到这里以后，它相对地球是静止的，位于赤道上空 3.6 万千米的地方。

如今，静止轨道上能够运行的卫星数量，已远不能满足世界各国的需求。当年，我国卫星发射基地选址四川西昌，就是希望离赤道越近越好。如今，我们已经把发射基地建到海南文昌了。

地球只有一条静止轨道，任何国家都想用它，但谁有能力，谁才能把卫星送上去并在轨道上占有一席之地。当然，除了静止轨道，还有太阳同步轨道和极地轨道，这些都是可以利用的资源。

太空环境资源

天上的环境跟地面的环境不一样，许多在地面上做不到的，如失重、真空和辐照，在天上就能够办到，而且还有用之不竭的太阳能。在地球上，任何生命、生物和物质均处于有重力场的环境，而天上没有重力，因此，如何利用天上的环境资源显得非常重要。

我国于 2016 年 4 月 6 日发射的首颗微重力卫星，主要就是通过提供空间微重力环境，做一些地面上不能做的实验和研究。有些生物的种子，如农作物、蔬菜的种子，在天上培育一段时间以后，会因空间环境变化发生基因变异（非转基因），这些种子再经过农业育种专家的培育后，能进一步选出优良的品种，如能具备产量高、抗病毒、营养丰富等优势。这类品种如甘肃的辣椒、陕西的豇豆等，都已在市场上得到推广，它们都是在辐照和微重力等环境因素综合作用下培育出来的，这在地面上是做不到的。

此外，太阳能也是取之不尽的资源，尽管地面上有太阳能发电站，但太阳能穿过 1000 千米厚的大气层后，会衰减得很厉害。而且因受昼夜和天气的影响，抵达地球表面的太阳能就很弱了。而在轨道上利用太阳能，就不受这些因素的影响。

我们的卫星和飞船上都有两个大的太阳翼，它是一种收集太阳能的装置，能提供源源不断的能量。而人类社会的能源危机是否也可以依靠太阳能解决呢？现在，有多名航天专家提出，可以在距离地球表面 3.6 万千米的地球同步轨道上建太阳能电站，把太阳能转换为电能之后，传送到地球上来。

物质资源

人类社会发展很快，对资源的消耗也很快。据科学家估计，按照目前的使用速度，地球上的石油和天然气再过50年就会用完；现在的煤炭资源还比较丰富，但也许再过100年就没有了，那么我们的子孙后代怎么办？我们居住的地球该怎么办？

因此，我们必须寻求新的资源。去哪里寻找呢？科学家们指出，要上天、入地和下海。

人们首先就想到了离地球最近的月球。美国人曾经把月球上的岩石带回几十千克，送给了中国1克。这1克中的一半留在博物馆，另一半给了中国月球探测工程首席科学家欧阳自远。

欧阳自远通过研究发现，在月球上有地球上稀缺的同位素3He，这种元素是核电站的原料，在地球上的储量大概几百吨，而粗略估计在月球上有几百万吨，要是把它取来发电，可以供地球使用上万年。除月球外，还有八大行星和它们的卫星以及其他小行星，这些都是人类需要探索的地方。

中国有权利利用太空资源，也有义务探索太空资源。要利用和探索太空资源，就要发射各种各样的航天器——各类卫星、载人飞船和探测器。

目前，中国在天上有160多颗卫星在工作，但全球在轨卫星共有1600多颗，中国只占1/10多，而美国占了1/3，有500多颗。我们有能力缩小这个差距，仅2016年一年，中国就有22次航天发射任务，有几十颗中国航天器成功上天，今年将有28次发射。因此，我们有理由相信，中国会有更多的卫星来利用和探索太空资源。

·摘自《读者》（校园版）2017年第13期·

让火星变得“宜居”的大胆设想

安　利

为了把火星改造成可供人类居住的环境，科学家们提出了不少设想。

人造磁气圈

火星的环境极其恶劣，人类要移民火星，必须经受大气稀薄、辐射超强和温度极低的考验。科学家们认为，火星曾经有过厚厚的大气层和炎热的内核。活跃的火山活动促进了大气的循环，炎热的内核能帮助形成驱散太阳风的保护磁场。但数十亿年前，火星的内核冷却、磁场消失及太阳风的剥离使得火星的大气层不断变得稀薄，火星最终沦为一个寒冷、干燥的地带。美国国家航空航天局的新设想提出，将一个“人工磁场”置于火星与太阳之间的轨道，把火星置于“磁尾”的保护之中，使其免受太阳风的侵袭，以便重建被太阳高能粒子剥离的火星大气层。随着大气层的不断增厚，火星的温度也将随之升高。温度的升高可令火星极地的干冰融化，释放出大量的二氧化碳，形成温室效应。这足以促使火星再次出现液态水，形成河流与海洋。事实上，微型磁气圈的研究成果已经应用于保护宇航员和航天器免受宇宙辐射的影响。科学家们设想打造一个“放大版”的人造磁气圈，并将其送至太阳和火星之间的拉格朗日点上。

照镜子

美国火星协会创始人、航天工程师罗伯特·祖柏林认为，改造火星首先要让火星变暖，为此他提出了几个方案。其中一个方案是在太空中架设巨大的反射（或折射）镜群，将更多的阳光反射至火星特定区域，以释放出冷冻地表中的气体和液体。不过,要制造和安放如此规模的镜子，难度可不小。

穿黑衣

黑色的衣服比白色的衣服更吸热。由此科学家们想到，如果给火星的两极也“穿上黑衣服”，即覆盖一层黑色土壤，那么也有助于火星两极升温。火星被称为“红色星球”，黑色的土壤从哪里来呢？人们把目光瞄向了火星的两颗卫星。火卫一与火星之间的距离是太阳系所有卫星中与主星距离最近的。不过，如何给火星穿上“衣服”并且不被火星上的沙尘暴吹走，是一个大问题。

小行星撞击

太空中很多小行星都是由冷冻的氨气构成的，而氨气则是重要的温室气体。如果科学家能抓住或者重新定向一颗小行星，让它撞击火星，撞击产生的巨大能量将使火星上的冰融化，二氧化碳也会被释放出来，所释放的氨气也可以让火星大幅度升温。

播种蓝藻

目前在火星大气的成分中96%为二氧化碳。科学家设想把蓝藻播种到火星，用它们将火星大气中的二氧化碳转化成氧气。科学家认为，正是蓝藻等藻类将早期地球上的有毒气体转化为氮和富含氧气的大气，并且促进了臭氧层的形成，为地球生命的诞生创造了有利条件。他们希望这一过程也能发生在火星上。科学家计划通过无人探测器在火星上进行测试，验证转化火星大气成分的技术。NASA和其他空间机构也在研究利用生物改造火星大气的可能性，国际空间站上已经开展了蓝藻实验。不过蓝藻的基因需要被改造，使其能够耐受宇宙中的极端环境。

·摘自《读者》（校园版）2017年第13期·

宇宙四大“惹不起”

佚　名

宇宙中有许多可怕的“怪力”，它们的力量非常强大，能持续地改造环境，对地球产生深远的影响。以下便是最让人畏惧的4种宇宙力量。

超质量黑洞

没人会否认黑洞的可怕——它连自己都能消灭得干干净净。自从爱因斯坦的“相对论”开启现代科学对黑洞的研究后，科学界就被这个无视物理学规律和人类所有知识的可怕存在一直困扰至今。爱因斯坦甚至给黑洞写过一条批注，称其为“上帝被除以零的地方”。

根据大小和引力强度的不同，黑洞也分为很多种。有一类名为超质量黑洞，其质量可达到普通黑洞的上百万倍乃至10亿倍。M87星云中就可能存在一个质量相当于64亿个太阳的超质量黑洞。无论是气体、恒星还是星系，任何存在都会被超质量黑洞吸收并消灭，即便是光也无法逃脱。

受其巨大的引力作用影响，超质量黑洞附近的气体和恒星也被巨大的引力拉扯着，以接近光速的超高速围绕其旋转，气体在高速运动中互相碰撞，温度甚至能超过100万摄氏度。

伽马射线暴

请想象下列情景：某颗质量是太阳100倍至150倍的特超巨星就要迎来它的终结时刻。星核中爆发的超高强度伽马射线横冲直撞，恒星能量在辐射作用下转化成物质，因为失去能量，恒星开始塌缩。这一过程反而大大加剧了其内部的热核反应，能量的飙升甚至盖过引力作用，挣脱引力束缚的能量在宇宙中喷薄狂泻，特超巨星变成了一颗极超新星。

这种规模的极超新星爆发能在瞬间释放出1046焦耳的能量，而太阳燃烧100亿年所产生的能量也没有这么多。

极超新星爆发可以让附近宇宙空间的所有存在归零，爆炸让恒星向外发射几乎平行的多束极具穿透力的伽马射线束。如果有行星不幸和这些射线束相会，行星上的生命将大规模灭绝。伽马射线还会消耗臭氧层，间接导致冰河时代的来临。

目前，人类每天平均能探测到一个伽马射线暴。鉴于伽马射线暴可以被轻易探测到，可观测的宇宙的数十亿个星系居然只能探测到如此少的数量，说明伽马射线暴在每个星系中都是非常罕见的现象。粗略估计，银河系大小的星系，每10万年至100万年才能有一次极超新星爆发。

自我复制

大约从 80 亿年前开始，宇宙中某种物质便开始对自己进行复制，由此兴起了名为“自然选择”的现象。自我复制看似很微弱，但其中的复杂程度和其过程中的突发效应，让一切变得扑朔迷离。

在地球上，一开始只是细胞进行自我复制，后来渐渐发展出病毒，随后恐龙出现了，然后诞生了人类。

RNA（核糖核酸）和 DNA（脱氧核糖核酸）的自我复制功能，彻底改变了地球的地表和大气。地球经历过无数次极端的大灾害，例如著名的 5 次生物大灭绝，但生命没有因此灭绝，它们从废墟中破土而出，抖掉身上的尘土，开始下一轮的复制。

自我复制并不局限于生物结构。电脑病毒和网上流行的“梗”也是另一种自我复制。自组装也是一种自我复制。除了自然条件下的自我复制外，还存在以下几种自我复制。

自养型自我复制机：具有能在野外自主开采所需材料进行自我复制的设备。人类能设计出非生物的自养型自我复制机，并且可以向其发送生产规格，让其制造出人类所需要的商品。

自繁殖系统：以金属条或金属线缆等工业材料为原料，进行自我复制的系统。

自组装系统：以完成后的零件为材料组装自己的复制版的系统。分子级制造业和自我复制纳米机器人，是这种系统可能采取的应用形式。有人提出过，以两台纳米机器人为一个单位、大量机器人协同工作的自组装系统理念。

微型自复制纳米机器人的恐怖之处在于其数量会呈指数级增长，这一切在不知不觉中发生，甚至出现整个地球上所有的原材料被纳米机器人消耗殆尽、地球陷入大饥荒的情况。也有可能纳米机器人获取能量比地球上的生命更容易，导致自然生命灭绝。

有人估计，如果地球上爆发纳米机器人失控的灾难，那么不到两年地球大气就会被它们摧毁。

自我复制也可用于星际探索和星际殖民。通过发射能自我复制的冯·诺依曼探测器，只需 100 万年至 1000 万年时间，这些探测器将遍布整个银河系。如果想来一场星际灭绝，只需调调参数即可。

智能

全宇宙最强大的力量毫无疑问是智能。智能可以理解为对信息进行收集、分享、重组和实践，是宇宙中独一无二的现象。智慧生物可以制造工具，适应并从根本上改变周围环境，它们能通过创造复杂的系统来达到自己的目的。智能生物会规划和解决问题，可以进行抽象思考、理解想法、使用语言，并且能够学习。此外，智能会反省自身，预测结果，并且趋利避害。

以人类为例，为满足自身需求，人类活动对几乎所有的其他物种产生了巨大影响（许多物种甚至灭绝了），还对地球大气造成了不可逆转的影响。

如今所出现的智能远远不能代表智能发展的终极可能。超智能的存在可能连意识或主观体验都没有，便可在所有领域超越人脑。

也许从目前来看，智能的力量可能比不上前三者，但有一天，智能会替代恒星作为星体引擎的地位，为生命的欣欣向荣贡献出自己的力量，并最终成为整个宇宙最强大的一股力量。

·摘自《读者》（校园版）2017 年第 16 期·

可能太空中举办的“葬礼”

康斯坦丁

根据相关记载，自人类首次乘坐火箭进入太空以来，已有 22 人因此失去了生命。不过迄今为止，事故都只是发生在地球大气层内，还没有宇航员在外太空丧生，第一个死在外太空的地球生命其实是太空犬莱卡。但在飞往外太空的路上，人类随时面临着死亡的威胁。这就会产生一个新的问题：尸体如何处理？一场在外太空举行的葬礼会是什么样？

冻干并粉碎

如果有人在前往火星的途中去世，冷冻储藏或冰葬是一个很好的解决方案。加拿大宇航员、国际空间站前指令长克里斯·哈德菲尔德表示：“如果在太空行走时有人死亡，我会首先将尸体储存在气闸舱内。然后将他们密封在增压服内，并存放在空间站中比较冷的地方。直到有补给船将其带回地球。”哈德菲尔德还说：“如果宇航员在火星上死亡，我们可能会将他葬在火星上，而不会将其尸体带回地球。”这样的处理很有必要，因为返回地球不仅是一个漫长的旅程，尸体还可能带来潜在的污染问题。为此，瑞典一家公司曾提出一种让死者安息的新方式，该方式的最大特征就是环保。这种方式就是将死者的遗体变成一种无味的有机粉末。在地球上，冰葬过程可能要使用液态氮冷冻尸体；但在太空中，机器臂会将尸体悬浮在太空船外面的密封袋中。尸体会在外面冻结 1 个小时，直到变脆，然后机械臂会大幅摆动，将尸体变成粉末状的冰骸。从理论上说，这种方式可以将重达 90 千克的宇航员变成 22 千克重、手提箱大小的块状物，被长期储存在太空船中。

放飞在太空

如果冰葬不好用，或许可以选择“抛弃”，让死者永远留在宇宙的“无尽虚空”中。然而，根据物理学定律，除非我们在死者身上绑定迷你火箭，否则他们最终会跟随太空船的轨迹飞行，并随着时间推移，尸体慢慢堆积起来——这只怕会让未来人类的“火星之旅”变得有点儿恐怖。

·摘自《读者》（校园版）2017 年第 18 期·

清扫太空的人

马 峥 严 蕾

“宇宙等待你来挑战。”冈田光信15岁参加美国国家航空航天局（NASA）的太空营时，日本第一位遨游太空的宇航员毛利卫在给他的一张字条中如此写道。

25年后，已过不惑之年的冈田放弃了从事超过10年的IT行业，转而投向他少年时为之热血沸腾的太空领域。令人没有想到的是，他遇到了人生中前所未有的挑战，但也可能是他人生中最正确的选择——清扫太空。

一张字条引发的创业

在一片毫无生气的仓库和工厂之中，冈田在东京附近成立了一家研发工厂。工厂的规模不大，里面有 25 名研发人员。

冈田从小就对太空充满了好奇，并在 15 岁时飞往美国亚拉巴马州参加 NASA 主办的太空营，在那里他结识了日本“航天第一人”毛利卫。

后来，冈田选择了美国普渡大学，那是他心中的偶像——世界上首位登上月球的宇航员阿姆斯特朗的母校。然而毕业之后，冈田并没有追随儿时的梦想，而是先后在日本的政府机关和美国的金融公司工作，之后又创立了一家 IT 公司。

2013 年，年近 40 的冈田光信感觉遇到了“中年危机”。他开始重新寻找人生的方向。一张偶然间发现的字条，也就是毛利卫先生 25 年前写给他的“宇宙等待你来挑战”的字条，重新燃起了他探秘宇宙的热情。

他开始四处参加关于宇宙开发的国际会议和论坛，听该领域尖端专家的演讲，收集最新的研究成果。然而，他沮丧地发现，在讨论太空垃圾问题时，不论是大学教授、研究机构的专家还是政府官员，因为经费和利益的纠葛，都只是在讨论，却迟迟拿不出具体的实施方案。

“如果人们对太空垃圾继续置之不理，快则二三十年，慢则 200 年，太空垃圾便可能遍及宇宙空间的各个角落，人们将无法再向太空发射卫星、火箭和太空舱。”冈田说，“这就是‘凯斯勒症候群’。一旦这样的情况出现，我们的生活就会受到严重影响，因为天气预报、通信交流、电视节目转播等都依赖卫星……”

“凯斯勒症候群”这一概念是由 NASA 顾问唐纳德·凯斯勒于 1978 年提出的，他指出：“近地轨道上的卫星碎片多到一定程度时，就有极大可能击中出现在这一带的卫星等物体，而被击中的物体势必会产生更多碎片，又为更多的冲撞增加了可能性……滚雪球一般增多的碎片终将使人类不得不放弃继续发射卫星到这个区域。”

根据专家的估算，自苏联发射首颗人造卫星开辟太空时代以来，地球周边的太空中已经有大约 2.3 万个大于 10 厘米的碎片，50 万个大于 1 厘米的碎片。冈田认为，人类已经处在“凯斯勒症候群”的边缘。为了让卫星、火箭等在太空中能够安全飞行，他于 2013 年成立了 Astroscale 公司，成为太空清扫领域第一个“吃螃蟹”的创业者。

最困难的清洁工作

只身一人，带着 20 万美元（约合人民币 1300 万元）的启动资金，冈田开启了世界上最难的清洁工作：以浩瀚宇宙为清扫空间，以高新技术卫星为清扫工具。

冈田说：“我要同时应对技术研发、资金筹措、相关政策法规、人才与合伙人招募等问题，每天都面临新的挑战，每天都要做出各种决断。”

首先是公司选址。他把公司总部设在了对创业公司有优惠条件的新加坡，把研发工厂建在了人才汇聚且熟悉的东京，以便组建专业团队。

其次是技术壁垒。出身商科的冈田虽然对太空领域有浓厚的兴趣，但要组织人力开发出连各国科研机构都为之犯难的太空清扫技术，是难上加难。就在 2017 年 2 月，日本官方进行的一项清理太空及地球轨道垃圾的试验性任务宣告失败。

冈田的公司所采用的是不同的清理方法。冈田打算在 2017 年年底到 2018 年年初，将研制出来的小型、廉价的 IDEAOSG1 卫星发射到 600 千米至 800 千米高的轨道上，用于监测和收集小型碎片的信息，提升载人和无人航空任务的安全性。冈田计划在 2019 年年初推出针对大型碎片的 ADRASI 卫星，使碎片附着在提早被 GPS 锁定的特殊黏膜上，并把它们拖到地球大气层中烧毁。

此外，还有资金筹措和合伙人招募等难题。冈田说："为了寻找合作伙伴，我给日本、美国和欧洲的多个国家和地区的公司发送了无数封邮件，也曾登门拜访了很多家公司，最终花费 9 个月才找到现在的合作伙伴。如果我跟别人说'一起去太空扫垃圾'，根本没人理我。但是我说'让我们一起守卫我们的太空，让它可持续发展'，便能吸引不少投资者。"

冈田的公司目前已经筹集了 4300 万美元，有 25 名技术员工，可以满足最初的研发和试验阶段的费用，但是冈田觉得这些还远远不够。

孤独的创业者

Astroscale 是目前世界上唯一一家做太空垃圾清理的私人公司，这意味着冈田做的所有事情都具有开创性的意义。但是，在有无限机遇的同时，也存在着很高的风险。

冈田说："我希望能有更多的创业者加入这个领域，也希望有更多的竞争对手。"身为孤独的创业者，冈田要在这个产业的各个领域进行开拓，其中一个很重要的方面就是和监管机构一起讨论、研究和完善该产业的法律、法规。冈田说："我已经在和世界多国的十几家监管机构进行对话和讨论。"

其次，要自己制订和实践经营模式。"我们现在的目标就是减少预算，花最少的钱做成最强大的产品，从而提供客户可以支付得起的服务。"冈田说，"希望科研机构和公司在需要清扫太空的时候，可以随时联系我们，我们会迅速响应，满足客户的诉求。"

最后是技术难题。数据显示，目前在所有的太空垃圾中，任务碎片占 13%，火箭残骸占 17%，失效航天器占 22%，解体碎片即航天器爆炸或相互碰撞产生的碎片占 43%。冈田表示，大型的碎片由于比较好识别，相对容易清扫，但是小的碎片就很难发现，也难以计算，但不能轻视这些碎片，因为它们的速度非常快，如果撞上较大的碎片，会使航天器破裂、爆炸、结构解体。微小的碎片则会产生累积效应，将改变元器件的性能，导致航天器性能下降或功能失效。

随着太空垃圾的增多，航天器碰撞的可能性越来越大，产生的碎片规模也无法估量，随之而来的技术挑战也会越来越大。

“到现在，我还不能说我的公司和公司的产品有什么优势，因为我觉得一切都还不完美，公司的经营模式、技术研发、行业法律法规等方方面面都还有很大的改进空间。但是如果非要说一点引以为傲的，那就是我们的团队对太空可持续发展的‘执迷不悟’。”冈田说。

在 Astroscale 网站的主页上，可以看到不少团队工作人员和志愿者的照片，他们身穿 T 恤衫，上面写着：“走，我们到太空扫垃圾去！”“再见，太空垃圾！”“我们生活在同一片太空下，让我们保持太空清洁！”……

·摘自《读者》（校园版）2017 年第 18 期·

为什么火箭发射时都要倒计时

吕北客

火箭发射时使用倒计时初次出现并非科学家的发明，而是源自科幻电影的创举。

1929 年，德国电影大师弗里茨 · 朗在其执导的科幻电影《月里嫦娥》中，向观众首次呈现了一枚登月火箭发射升空的全过程。

由于影片中火箭发射前运送至发射平台的过程过于冗长，为吸引观众的注意力，营造“时间紧迫”的戏剧性气氛，电影特别安排了主人公在为火箭点火之前读秒倒计时的情节：随着屏幕上数字越来越小，其字体越来越大，直至巨大的“JETZT”（现在）出现，火箭腾空而起，升入云霄。

倒计时这一情节设置，此后逐渐成为各类电影制造紧张氛围的有力工具，甚至可与定时炸弹这一传统电影道具相媲美。但真实的火箭发射也使用倒计时，并不是单纯向电影致敬，而是具有实用意义。

火箭发射时使用倒计时，真正的作用在于确认火箭发射的时间零点。

如果把从火箭移上发射架到任务完成的整个过程以时间轴为数轴的话，那么发射的时刻就可以作为数轴的零点，或被命名为 T0。T0 时刻对于轨道计算十分重要，当火箭发射时，T0 时刻就会自动传输到所有的测控站。

而在火箭发射前的任务规划中，在发射窗口（任务最佳发射时间）内确认 T0，并确定发射前（用 T-×× 时间表示）、发射后（用 T+×× 时间表示）的程序设置，是整个规划的重中之重。

在规划完成后，负责火箭发射的所有部门就从 T0 倒推各项工序和部件的完结时间，并按各部门各自的归结时间继续前推。随后，火箭发射的各个部门在完成其任务时从数月、数周、数天开始不断归结，到发射前的数小时、一小时、半小时、一刻钟、五分钟、一分钟……直至指令员宣读 T0 之前的最后十个数，将全体工作人员的任务归结以最极端、最为具象的方式表现出来—这才是火箭发射倒计时的最完整体现。

各国在火箭发射倒计时的具体设置上也是有差别的。比如，中国的火箭倒计时是点火倒计时—以火箭点火时刻作为 T0；而美国的火箭则是采用起飞倒计时—以火箭起飞时刻作为 T0。

造成这种差别的原因是，中国并未采用美国人普遍使用的牵制释放装置，火箭起飞与否全凭发动机的推力；而各个发动机的动作也不完全同步，这样火箭的起飞时间无法人工控制，所以只能倒计时点火，然后测量起飞时间。

与之相对的，采用牵制释放装置的美国火箭起飞前被锁在发射台上，在起飞前的几秒点火，牵制释放装置会在火箭达到额定推力时解锁放飞火箭，火箭起飞的时间即为T0。由于牵制释放装置允许各个发动机在火箭静止状态下工作一小段时间，它可以消除不同发动机间推力不同步的影响，从而更精确地控制时间。

值得一提的是，在发射窗口设立时间零点，并以此规划整个发射进程的制度设计，也是科幻作品最早创造的。在凡尔纳最具预见性的科幻小说《从地球到月球》中，美国大炮俱乐部向麻省剑桥天文台咨询向月球发射炮弹并命中的可能性时，得到的答复如下：

一、大炮应设在南纬或者北纬0度至28度之间的地方。

二、炮口应瞄准天空顶点。

三、炮弹应具有每秒12000码（约11千米）的初速。

四、应于明年12月1日晚上10点46分40秒发射炮弹。

五、它将在射出后四天，即12月4日半夜，月球穿过天空顶点时到达。

以第二年的“12月1日晚上10点46分40秒”为T0，大炮俱乐部在全球募集资金，在美国佛罗里达州南部选定发射地点，铸造了前所未有的“哥伦比亚”大炮，并在开炮前一切准备就绪；唯一不同的，仅仅是指令员并未使用倒计时，而是按自然时间进行顺数计时：

“35！ 36！ 37！ 38！ 39！ 40！开炮！！！”

莫奇生用手指揿着电闸，接通电流，把电火送到哥伦比亚炮炮底。

立刻传来一阵从未听过的、不可思议的爆炸声，不论是雷声、火山爆发，还是其他的声音都不能形容其万一。像火山喷火一样，一道火光把大地的内脏喷上天空，大地仿佛突然站起来了，在这一刹那间，只有有限的几个人仿佛看见了炮弹从浓烟烈火之中胜利地劈开天空。

有意思的是，影片《月里嫦娥》的科学顾问，与俄国齐奥尔科夫斯基、美国戈达德并称为火箭设计先驱，出生于罗马尼亚的德国人赫尔曼·奥伯特，少年时代的科学启蒙书籍恰恰就是凡尔纳的《从地球到月球》。奥伯特为《月里嫦娥》设计的火箭模型，其外形与内部构造均对凡尔纳小说中的锥形圆柱体“炮弹车厢”有所借鉴。

奥伯特为电影设计的火箭不仅造型前卫，理念也与后来的真实火箭颇为接近：它使用液体燃料，并且是分级点火。不过这倒不算奥伯特的创举，比他早出生400年的同乡康拉德·哈斯就已经用火药爆竹实现了这一设定。正因为如此，齐奥塞斯库时代的罗马尼亚政府将哈斯定为“现代火箭的先驱”。

·摘自《读者》（校园版）2017年第19期·

未来太空中也可酿造葡萄酒

佚　名

随着人类对其他星球的了解逐渐深入，我们开始考虑一些重要的问题，比如：我们能在太空中酿葡萄酒吗？如今，美国国家航空航天局植物栽培系统团队的一名科学家称，只要技术得当、耐心等候，我们或许可以在太空中栽种酿酒用的葡萄。该植物栽培系统团队已经在国际空间站上种植了各种用来做沙拉的作物，供宇航员享用。

人类的酿酒史已有数千年之久，迁入太空后人们也难以改变饮酒的习惯。虽然太空中环境严苛、空间有限，使葡萄酒酿造难上加难，但植物栽培系统团队的首席调查员乔亚·马萨认为，在太空飞船上酿酒并非不可能。她说："种植葡萄将是一项有趣的挑战。我们选用了一些美国农业部培育的矮果苗，如果植株够小，或能适应不同的光照环境，就有可能在太空中种植葡萄。”

美国国家航空航天局有在国际空间站周围的小舱室中种植植物的经验。马萨解释道：“太空中栽种的植物大多都很矮小紧凑，但如果能把葡萄藤卷起来或折起来，种植也未尝不可。但让卷曲的葡萄藤获得足够的光照将是不小的挑战。”

抛开太空环境不谈，在太空飞船上给葡萄藤传粉也是个大问题。马萨称明年宇航员将尝试给矮番茄人工传粉，这种方法也能用在葡萄藤上。

在太空中种植葡萄可能有一定优势。康纳尔大学的研究人员克里斯·格林表示，太空中的葡萄植株不会患植物疾病，也不会受害虫侵扰，而这些问题曾在150年前使法国的葡萄酒产业遭受重创。格林说：“如果人和植物都能在太空中生存，酿酒应当也不成问题。宇航员需要带一些干酵母，但我想这是可以实现的。美国国家航空航天局能够精确控制温湿度和光照，这一点再好不过。太空中还不会遇到天气或植物疾病等问题，因此葡萄可按他们所愿，顺利长大成熟。”

·摘自《读者》（校园版）2017年第22期·

“天人合一”与中国古代星宿

叶 飞

天文学是从人类仰望星空开始的，人们对头顶上方的星空充满好奇，对神秘的星空存有敬畏之心。随着人们对星空的不断观察，星星尽管仍然有着神秘的光环,但也不再令人感到陌生。在人们与星星熟悉起来之后，人类对星空进行了划分，将夜空中的繁星所组成的图案结合自己的想象，给它们各自取了名字，这便是星座的来源。

每个民族对星空的诠释都是不一样的，不同的地区有着不同的文化，也有着自己对星空的理解和自己的星座划分体系。现在我们所熟悉的 88 个星座体系主要源自古希腊，在每个星座的背后，与其对应的也是古希腊的神话故事。

那么在中国古代，人们对星空又有着怎样的理解呢？中国是否也和古希腊一样有星座之分呢？在千百年前，中国的星空又上演着怎样的故事呢？

中国作为四大文明古国之一，有着悠久的历史和博大精深的文化。中国绚烂多彩的文化在世界历史上占有重要的地位，其中天文学的发展，也同样源远流长、博大深厚。中国古代在天文观测、天文仪器、历法编制等方面，可以说在当时处于世界领先地位。在中国古代，人们对星空的看法十分独特，古时候的中国人把星座称作“星官”，可以说星官是古代中国神话和天文学相结合的产物。早在中国的夏商周时期，人们就开始对天空中一些重要的星星进行命名，并开始对星空进行分区，这也为中国特色的星官体系奠定了基础。

早期人类对星空的观测都是基于占星术，这一点无论是西方还是东方都相差无几。在春秋战国时期，出于占星的目的，有非常多的占星家对恒星进行了大量的观测。为了观测时记录和记忆的方便，中国天文学家在这一时期命名了许多的星官。其中最为有名的是战国时期的甘德、石申和巫咸三家所命名的星官。三国时期的陈卓将他们三人各自命名的星官合并成 283 个星官，共包含 1465 颗星，这样的星官系统一直为后代所沿用。

中国的星官体系完整建立是在汉代，星官名称和星数在《史记》和《汉书》中都有明确的记载，“二十八星宿”更是第一次出现在《史记》的记载中。再到之后“三垣”的创建，中国古代的天文学，最终建立起一套“三垣二十八宿”的星官体系。接下来就让我们好好了解一下什么是“三垣二十八宿”吧！

同西方将全天划分为 88 个星座一样，“三垣二十八宿”将天空划为 31 个天区。“三垣”分别是紫微垣、太微垣、天市垣，每一垣都含有若干星官，在星空中都是一个较大的天区。紫微垣也称“中宫”，在这之内是天帝居住的地方，除了天帝之外，当然还有帝后、太子、女官等在此居住。“太微”是政府的意思，因此紫微垣和太微垣各星多以官名命名。“天市”顾名思义就是集市，在天市垣，星名由货物、量具等来命名。

在古代中国，人们将黄道、赤道附近的星空，环天一周分成大小不一的28个部分，每个部分叫作一宿，在中国古代天文学中，这个“宿”字的发音同“秀”。“宿”有停留、过夜的意思，这个命名来源于月亮。月亮在天空中运行一周大约要28天，每天晚上都会停留在一片天区里，就像是这个夜晚要在这一宿中留宿。在这二十八宿中，每片天区都包含着众多星官，人们选择其中的一个星官为代表来命名这一个星宿。中国古代二十八星宿的划分是古代天文学的一大进步，当时的人们以“三垣二十八宿”这一体系来描述太阳、月亮和行星的运动，也用它们来确定彗星、流星、新星以及满天星辰的位置。

在“三垣二十八宿”的基础上，中国古代的天文学家进一步将二十八星宿合并为四个大区，分别表示星空的东、南、西、北四个方向，而且也与春、夏、秋、冬四个季节相结合，并非常有想象力地以四种传奇的动物来命名，称之为“四象”，每象七宿。

在春季和初夏交接的夜空中，角、亢、氐、房、心、尾、箕七宿连起来，像一条飞舞的青龙，即东方苍龙；斗、牛、女、虚、危、室、壁在夏季和初秋的夜空中形成相缠的龟蛇，这是北方玄武；到了深秋，夜空中的奎、娄、胃、昴、毕、觜、参七宿又像一只凶猛的白虎，即西方白虎；最后井、鬼、柳、星、张、翼、轸将出现在寒冬春夜时期，如同一只振翅高飞的鸟儿，因此叫作南方朱雀。汉朝天文学家张衡在他写的《灵宪》一书中就有对“四象”的描述：“苍龙连蜷于左，白虎猛踞于右，朱雀奋翼于前，灵龟圈首于后。”这是对“四象”的位置的生动描述。另一位天文学家高鲁，还亲手绘制了栩栩如生的《四象图》呢！

对“三垣二十八宿”大致介绍完了，接下来我们一起来看看一些有趣的星官名吧！

古人觉得天上的世界就是地上社会的反映，因此在星官的命名上，从天皇大帝至太子，从战场到市场，从武器到农具，应有尽有，全被搬上了天，几乎按照人间的样子在天上创造了一个世界。比如，天钩、天厨、天船、天仓、军市、弧矢、天枪、器府、太子、尚书、女史……可以说，中国古代的星官体系，让我们在仰望星空的时候，可以看到中国古代社会的模样，这是为什么呢？

在中国古代的传统哲学思想中，对世间万物的认识，就体现在“天人合一”的思想中。“天人合一”的思想认为，宇宙是一个大的天地，宇宙万物和自然界与人应该是和谐统一的。人与天地相合一，所以人们看到的天象是感应到上天的启示，而天上的世界也和人间一样，如同池中的倒影。因此，我们在中国古代的星官中，既能看到集市，也能看到战场，还有天帝的宫殿和官员办公的场所，它们便是“天人合一”思想最为形象的体现。

·摘自《读者》（校园版）2017 年第 23 期·

航空发动机的“壮骨粉”

李浩然

厉害的“铼”闪亮登场

如果说，航空发动机是现代工业的“皇冠”，那么，涡轮叶片无疑就是“皇冠上的明珠”。

涡轮叶片处于航空发动机中温度最高、应力最复杂、环境最恶劣的部位，是航空产品的第一关键零件。以 F–22 的发动机 F–119 为例，其直径仅 1.168 米，却需要提供 156 千牛的推力。在飞行中，其涡轮和风扇除了承受极大的压力，还需忍受高温的煎熬。在飞机高速飞行时，F–119 的发动机涡轮前温度可高达 1977K（约 1700℃）。因此，选择合适的材料来制造涡轮叶片至关重要。

在早期的涡轮喷气发动机时代，涡轮前温度较低，叶片大多采用高温镍合金（能够承受 1000℃左右的高温）。但是，到了涡扇发动机时代，涡轮前温度高了很多，高温镍合金根本扛不住，叶片会发生蠕变（指发动机叶片承受不住高温和压力发生变形）。这会带来涡轮叶片发生断裂、叶片飞出损伤机匣等严重后果，危及飞机安全。

研发出具备高耐热性和高抗变形性的涡轮叶片，成为摆在各国研发人员面前的难题。

这时候，“铼”登场了。拥有强大性能的铼是制造涡轮叶片的首选材料。把铼加入镍基超级合金中，只需一点点，就能大幅提高涡轮叶片的抗蠕变性，同时还能提高叶片的抗氧化和抗疲劳性能。

此外，小到排气喷嘴、石油催化剂，大到火箭（在 2200℃的高温下，用铼合金制成的火箭发动机喷管能够经受住 10 万次以上的热疲劳循环）、卫星和导弹，铼在很多关键领域都有重要应用。

什么是“铼”

1869 年，俄国化学家门捷列夫发表了世界上第一份元素周期表。其后他指出，在锰副族中，会有尚未发现但一定存在的元素。这种元素就是“铼”。

1925 年，德国化学家诺达克用光谱法在铌锰铁矿中发现了这种元素，取莱茵河的称谓，将其命名为“铼”。这种“千呼万唤始出来”的金属非常厉害：

熔点高达 3180℃，仅次于目前自然界最难熔化的钨（3410℃）。

沸点高达 5627℃，在整个元素周期表里独占鳌头。

耐腐蚀，强酸和强碱遇到铼只能无可奈何。把浓盐酸和浓硝酸按 3 ∶ 1

的体积比混合，就制成了能够溶解黄金和白金（铂）的王水。但是，在常温常压下，王水对铼毫无作用。

铼，素有“航空发动机壮骨粉”之称。由于欧美长期对我国实行技术封锁，“铼”成为长期掣肘我国航空发动机研发的瓶颈问题。

现在，依托对铼的勘探发掘和含铼高温合金技术的使用，中国企业已经能够生产出航空发动机中最关键的部位——铼镍合金单晶叶片。

西方分析人士认为，如果中国把铼运用到航空发动机领域，并取得技术突破，就会打破欧美对该领域的技术垄断。

·摘自《读者》（校园版）2018 年第 1 期·

未来的地球

【美】罗伯特·黑森

王祖哲　编译

此后 5000 万年：小行星碰撞

从现在往后的 5000 万年，地球至少会遭到一次大撞击，或许不止一次，这仅仅是时间和概率的问题。最可能的罪魁祸首，是所谓的“穿地”小行星——拥有特别扁的椭圆轨道，横穿地球的公转平面。目前，已知至少有 300 个这种潜在杀手，其中的一些将在此后的十几年，与地球擦肩而过，令人如芒在背。

几乎每一年，地球都会遭到一块直径为 25 英尺（约 7.6 米）的石头的撞击。多亏大气的刹车效果，大多数这种飞弹都爆炸了，破碎成一些小块，然后撒到地面上。但是，直径为 100 英尺（约 30 米）甚至更大的物件，每 1000 年来一次，会导致相当大的破坏：1908 年 6 月，一颗天外飞星把俄罗斯通古斯河附近的一片森林夷为平地。

一颗直径为 10 英里（约 16 千米）的圆石头，将会毁掉地球上的所有生命，无论撞在哪儿。在 6500 万年前杀死恐龙的那颗小行星，直径大约是 6 英里（约 9.7 千米）。如果一个直径为 10 英里的星体落到海里，那么巨大的冲击波引发的海啸会扫荡全球，在海平面之上几千英尺内，一切生命都将在劫难逃。

如果一颗直径为 10 英里的小行星撞到陆地，撞击点方圆 1000 英里（1600 多千米）之内的万事万物，会立刻化为齑粉，大规模的火灾将横扫大陆。这种轰击会蒸发巨量的岩石和土壤，把遮蔽太阳的浓云送到大气高层，为时一年多而不散，光合作用全部停止，植物生命尽遭涂炭，食物链为之崩溃，我们所知的文明将被毁灭。

怎么办？我们怎么做才能避开一块大石头？

躲避这种事，第一步是努力地看，要看到那些与地球狭路相逢、难以捉摸的毁灭者——知彼知己。我们需要精密的望远镜，以便确定可能撞上地球的抛射物在哪里，绘制其轨道，预测其将来的路径。

如果我们看到了一块大石头朝我们飞来，几年后就到，那怎么办？在科学家看来，让小行星偏离轨道是一种明智的策略。如果动手足够早，即便用火箭发动机轻轻推一下，或者在合适位置引爆几颗原子弹，就能有效地改变小行星的轨道，让它刚好错过地球。

为求长远的生存，我们必须向外旅行，到邻近的星球去殖民。首先是在月球上建立基地，虽然我们这颗明亮的卫星在很长时间内仍然是一个不友好的地方，不宜于居住和工作。下一步是火星，那里有可用的丰富资源——特别是有很多结冰的地下水，也有阳光、矿物和稀薄的大气。事情没那么容易，也不便宜，火星注定不会很快成为一个热闹的殖民地。但火星很可能是人类进化史上下一个重要的步骤。

此后5000万年，地球将仍然是一只生气勃勃的方舟，它的蓝色海洋和绿色大陆会重新洗牌，但还是可以辨认。人类或许会灭绝，5000万年会把人类短暂统治的蛛丝马迹全部抹去。但是，人类也可能生存并进化——继续前进，在邻近的星球上搞殖民。如果是这样，如果我们的后代进得了太空，那么地球将大受宠爱，胜过以前——作为一个保护区，作为一个博物馆，作为一处圣地，作为一个朝拜之地。

此后100万年：桑田变沧海

在许多方面，此后100万年的地球不会变化太大。诸大陆肯定会漂移，但离目前的相对位置多半不超过40英里（约64千米）。太阳照常升起，每24小时一次，月球每个月绕地球一周。

但是，有些事情会变化很大。全球有许多地方，不可阻挡的地质过程将使桑田变成沧海。最明显的是，这种地质过程将影响脆弱的海岸线。我最喜欢的地方之一——马里兰州的卡尔弗特地区，几英里的悬崖峭壁以及似乎无穷无尽的化石储藏将彻底消失。毕竟，这个地区只有5英里（约8千米）宽，每年变窄将近1英尺（约0.3米）。以此速度，卡尔弗特地区撑不了5万年，更不要说100万年了。

在其他一些州，地质过程将增加值钱的新地产。海床上的一个新火山，在夏威夷最大的岛的东南海岸外，已经将近2英里（约3千米）高，虽然仍然在水下，但每年都在长大。此后的100万年，一座新岛（已经起名叫“洛伊希”）将破水而出，耸立于波涛之上。

100万年相当于人类的几十万代——是有文字记录以来人类历史的500倍。如果人类能活下去，那么人类进化着的技术力量将对地球造成实实在在的改变。但如果人类灭绝了，地球将可能像它今天一样继续下去。陆地和海洋里的生命将繁荣兴旺，岩石圈和生物圈的共同进化将很快复归于工业时代之前的平衡。

此后5万年：冰是决定因素

就可以预知的未来而言，地球的大陆轮廓的最大决定因素是冰。在最近几次冰河时代的高峰期，地球上超过5%的水锁在冰里，海平面降低了300英尺（约90米）。在大约2万年前，海面如此低的时候，亚洲和北美之间出现了一座陆桥，也就是如今的白令海峡，人类和其他哺乳动物由此迁徙到新世界。在同时期的冰河阶段，英吉利海峡是一道干旱的峡谷，把英伦三岛与法国连在一起。在气候变暖的高峰时代，冰川大致消失了，冰帽后撤，海平面上升，比如今高了300英尺，全世界几十万平方英里的沿岸陆地被淹没在水下。

那么，此后5万年会怎么样？我敢说：海平面戏剧性的变化将一如既往，涨涨落落。在此后的2万年里，冰帽很可能会增大，冰川将扩张，海平面将降低200英尺（约60米）或者更多，在过去的100万年中，起码有8次降到这个水平。这样的变化将对世界的海岸线产生巨大影响，大陆浅坡暴露出来，美国东海岸将东移若干英里；一座新的冰陆桥将连接阿拉斯加和俄罗斯，英伦三岛或许又一次成为欧洲大陆的一部分。与此同时，沿着大陆架，世界产量最大的渔场将变成旱地。

有些人会说，在此后的1000年里，海平面也可能上升100英尺（约30米）或者更多。海平面上升这么多，按照地质学的标准而言，一点也不过分，那将会使美国地图面目全非，沿岸和近海的所有大城市——波士顿、纽约、费城、巴尔的摩、华盛顿、迈阿密……会遭灭顶之灾。在世界其他地方，海平面升高 100 英尺的后果，甚至更具毁灭性，荷兰、孟加拉和马尔代夫整个国家将不复存在。

· 摘自《读者》（校园版）2018 年第 1 期 ·

走，去太空烤个面包

Paige Pfleger

两袖清风　编译

想想看，如果宇航员能在太空烘焙面包，也不失为一件幸福的事。对于视面包如命的德国人来说，就更是如此了。尽管困难重重，不过这样的美梦即将实现，因为有个为宇航员着想的贴心的德国人，开启了太空面包烘焙计划。

在地球上，面包屑似乎并无害处，但在失重的环境里，面包屑却是危险品——它们有可能进入宇航员的眼睛里，或是被吸入口鼻引起呛咳。面包屑甚至会飘进配电板，烧毁电路或引起火灾。

这就是为什么在1965年，当约翰·杨和加斯·格里森在宇宙飞船上绕地球航行的时候，杨从口袋中掏出一块腌牛肉三明治是一件非常严重的事情。

“这东西从哪儿弄来的？”格里森问。

“我带上来的。”杨回答说。

杨咬了一口三明治，然后微重力就控制了一切——面包屑飘到了宇宙飞船的各个角落。

如今，宇航员们一般不吃面包，而是吃墨西哥玉米薄饼。这种饼不像面包那样会掉屑，而且它们也有利于宇航员在飘行的时候用一只手抓握。

但对很多德国人来说，墨西哥玉米薄饼并不合心意。所以，当一个名叫塞巴斯蒂安·马库的人听说德国宇航员亚历山大·格尔斯特将于2018年返回国际空间站时，他不由得想道：“难道我们就不能想想办法，让他在太空中吃到现烤的面包吗？”

在德国，面包可不是件小事儿——这里有成千上万种面包。在马库看来，德国宇航员在太空中吃不到现烤面包这个问题，似乎是可以解决的。

马库和他的一位工程师朋友在2017年3月，成立了一家名叫“太空烘焙”的公司。他们与德国航空航天中心一起合作，目标是在2018年之前，制作出一种可在国际空间站成功烤出面包的烤箱。

但是，要在太空烤面包，困难重重。

首先，这个烤箱的功率只能约为地球上烤箱的十分之一。而且预热烤箱几乎不可能，因为在烤箱预热之后，一开烤箱门，就会有一个巨大的热气泡跑出来，飘到飞船里。

马库说：“这个气泡就会那样停留在半空，宇航员飞过气泡的时候会被烫伤。”

这显然不够理想。

接下来还有面团的问题——在低温下，面包必须烘烤更长的时间，但是烘烤的时间越长，面团就会变得越干燥，而出现面包屑这种情况是必须不惜一切代价避免的。

尽管面临种种技术难题，马库预计，他的公司明年能让亚历山大·格尔斯特在空间站成功烤出第一个面包。

“这不仅仅关系到一位德国宇航员能否心满意足地吃上新鲜面包，”马库解释说，“能在太空烤出面包其实还有更大的意义。”

他说：“面包是随处可见的东西。它走上我们的餐桌，进入我们的宗教和俚语。‘挣钱养家的人’和‘面团’象征着钱，象征着幸福，象征着生活品质。我们会把跟陌生人分享面包当作一种善意的举动。”

“这么说吧，我觉得，要是我们能跟外星人分享面包，那绝对是和平的一大象征。”他说。

不过，在马库看来，最重要的是，新鲜出炉的太空面包会给宇航员带来一丝家的温暖。

2015 年 8 月 10 日，美国国家航空航天局（NASA）官网公布了一组图片，称生活在国际空间站内的宇航员们首次品尝了他们在太空失重的环境下种植出来的紫叶生菜。NASA 表示，此次的 VEGGIE（素食者）计划是 NASA 首次尝试在太空中栽培供宇航员食用的农作物，它标志着该空间站蔬菜培育试验取得阶段性成功，也可看作载人飞船前往火星的行程又迈出了重要一步。

载人航天事业早期发展阶段，食品都被制成牙膏状，以挤压的方式食用。后来飞行试验发现，失重条件下并不影响食物吞咽，所以对太空食物进行了改善。

如今的太空食品总共有 5 大类：复水食品（主要以汤和早餐食品为主。

食物事先经过脱水处理，进食前必须再向食物中注入一定量的水）、热稳定食品（经过加热杀菌后保存在罐子里或封装在柔性袋内的肉食和鱼）、中等湿度食品（桃干、梨干等果脯）、辐照食品（经过辐射灭活和杀菌的食品）和天然食品（没经过处理的食品，如水果、酱料等）。

因此，不论是欧美还是中国，宇航员们的饮食都得到了很大的改善。在如今中国宇航员的一日三餐中，还有宫保鸡丁、鱼香肉丝、土豆牛肉、香辣豆干等菜肴，宇航员甚至还品上了茶。

·摘自《读者》（校园版）2018 年第 3 期·

为何太空那么冷

那　拉

我们常常在电影中看到，走出宇宙飞船的人类如果没有任何防护服的保护，要么被迅速冻僵、冻死，尸体稍遇微尘即化为粉尘；要么身体会因为太空中的各种射线辐射而变得千疮百孔。比如电影《银河护卫队》中那位养父勇度的死，想必令很多人记忆犹新。

太空中有辐射这一点不难理解，可为何太空还会冷得冻死人呢？不是有许多恒星像太阳一样在熊熊燃烧吗？各种星星不是都在高速运动吗？太空中那么“热闹”，应该很热才对吧？

太空是有温度的

严格意义上讲，温度衡量的是原子和分子的运动速度。一个物体有温度，是因为构成它的原子和分子在加速运动，而这个过程中产生了热量。

太空中的物体只要是由原子和分子构成的，例如行星、恒星、尘云、宇宙飞船和航天员，都是有温度的。而太空本身没有温度，是因为它并不是由原子和分子构成的——这个说法也不够准确，即便“空空如也”的太空，也有原子存在，只是不太多。在远离恒星和行星的宇宙空间中，有着非常稀薄的气体，大约一茶匙空间中有一个原子。不过这个数值，与地球大气层中每一茶匙空气中就有超过 10^{20} 个原子的数值相比，几乎可以等同于无。

但太空中因为有这样微量的原子——也可以说是有这种非常稀薄的气体，所以也是有温度的：大概比绝对零度高 3℃。“绝对零度”是目前已知的最低温度，它只存在于分子和原子完全停止运动时。

因此，利奇菲尔德在《太阳那么热，为何太空那么冷》一文中说，若要学究式地精准表达问题，事实上“太空太冷”的说法应该这样说：“太空中的气体为何是冷的？”回答则是：“因为太空太大了。”

宇航服要抗热也要抗冷

太空真的太大了。两颗恒星之间的距离得用“光年”来计算，比如如果一位宇航员飘浮在太阳与离它最近的恒星比邻星中间，那么他距这两颗恒星都约有 2.1 光年的距离。一个人能从一颗距其 2.1 光年的恒星那里得到多少热量呢？其实不多！经过一番计算，我们目前得到的数字是 0.000000076 瓦。

你可能想问：“离太阳近的地方应该会很热，为何太阳“附近”的太空也是冷的？”

其实，这要看这个“附近”的距离是多少。

我们首先要明白，热传递主要有 3 种方式：热传导、对流和辐射。前面的两种都需要介质，即固体和流体，而对流的介质是流体。在太空中，因为物质稀少，彼此的距离也足够远，热传递基本上只靠辐射，即电磁波传导的热辐射。而太阳辐射主要是通过电磁波与粒子流。

如果一个人在地球表面，距离太阳仅 1.5 亿公里，那么，太阳的热量可以通过热辐射达到每平方米 1368 瓦。所以当我们在地球上被阳光直射，只会感觉到暖暖的。如果一个人在月球上，当月球到达近日点，月球表面的温度甚至可达到 127℃。如果一个人乘宇宙飞船来到太空，在离太阳更近一些的地方，他就需要宇航服的保护了。

说到这儿，就有一个很有趣的地方：宇航服除了保护宇航员的身体不暴露在真空中被辐射灼伤，也要保护他们不被太阳烤焦，还要保护他们不被冻僵。只是到底什么时候他们可能被烤焦，什么时候可能被冻僵呢？

这又回到了太空很“冷”的问题上。在太空中，一旦离开像太阳一样的恒星的热辐射范围，人体本身就成了一个热辐射源——人体的热量会立刻通过太空中的射线向外辐射，人体自然就会很快被冻僵甚至冻成冰块。而在地球上，之所以我们就算走到没有太阳直射的阴影处，身体依然能保留大部分热量，那是因为我们周围有空气，大气层中存有大量的热量，让我们始终处于“热浴”之中。

· 摘自《读者》（校园版）2018 年第 3 期 ·

火箭是如何“站”起来的

段 毓

世界上大多数火箭是垂直发射的，发射前，第一道重要工序便是进行垂直总装,也就是让火箭“站”起来。那么火箭是怎么“站”起来的呢?其实，火箭“站”起来的过程和搭积木有类似的地方，都要通过组装模块成型。

火箭用火车运输时，箭体的不同部分分别“乘坐”不同的车厢。到了发射场之后，各个部分再“下车”，然后进行吊装竖起。

发射架的固定平台是一座数十米高的金属架构，内有各种管路和电梯，供连接电路、加注燃料和人员上下。顶部有吊车，供吊装火箭用。我国的运载火箭是在发射架上组装，所以又设置了活动平台。活动平台是一个门形架构，可以固定火箭、为人员提供工作平台，火箭组装完毕后移开。

在吊装过程中，先用吊具将一级火箭起竖，然后在其周围捆绑安装 4 个助推器，且安装时遵照两两对称的原则，这样才能保证火箭的底盘“站”得稳。然后，把二级箭体吊装到一级之上，实现对接。大约要将 10 个模块竖起，并进行组装拼接。当火箭的最后一个部分——船罩组合体与火箭末级对接后，一枚完整的火箭就“站”在了我们面前。

然而，“搭积木”只是用来类比火箭竖起的方式，实际的“站立”操作却远非搭积木那么简单。整个过程十分复杂和缓慢。每一级火箭的移动、旋转和吊装都必须小心谨慎、分毫不差，不同组件之间的对接更要精细，甚至不允许出现 1 毫米的误差。每完成一级对接，火箭四周的回转平台都要层层合拢，以保证火箭的稳定安全。

发射前 1 个小时，回转平台移开后，固定平台不再为火箭提供机械支撑，而支撑的任务由发射台上连接火箭尾部的数个爆炸螺栓完成。火箭点火后，推力增大到一定程度，螺栓起爆分离，刚刚还“站”着的火箭便向上飞去。

·摘自《读者》(校园版) 2018 年第 4 期·

如果在太空中发射子弹会怎样

【美】娜塔莉·沃利奇欧芙

很多电影和电视节目都以慢镜头显示了子弹在击穿各种物体时的轨迹。但是，假如你在太空中发射一颗子弹，它的旅程将会很不一样。

首先，由于声音不能在真空中传播，所以我们将听不到子弹发射时的轰鸣声。其次，重力的差异也会产生更有趣的现象。在地球上你发射子弹时，即使感到很强的后坐力也能站稳脚跟。然而到了没有重力的太空，你会开始向子弹运动的反方向飞行。而且，如果条件完美，子弹恰好与行星的运行轨道平行，你发射的子弹最终会在绕行星一圈后打中你自己。最后，虽然子弹飞行的速度与其在地球上的不会相差太远，但飞行距离大相径庭。在地球上由于重力的作用它会被拉到地面上，但在太空中，理论上子弹可以永远向前行进，除非碰到了减慢它速度或令它停止的东西。

· 摘自《读者》（校园版）2018 年第 6 期 ·

这个中学生，要解开宇航员健康之谜

王馨立　编译

安娜·索菲娅是个相当聪明的姑娘，她 4 岁时就想遨游太空，现在她已 17 岁，正大步跨向儿时的梦想。

2017 年，美国有 300 多名中学生破天荒地参加了一个把基因项目送进太空的竞赛，只有安娜·索菲亚的项目被选中。这个科学项目是为了更好地了解宇航员是如何保持他们的健康的。

2017 年 4 月，美国航空航天局让安娜·索菲娅的研究项目搭乘猎鹰号火箭飞往国际空间站。几天后，宇航员在国际空间站上开展了这个实验。实验最终可以帮助科学家了解更多关于太空旅行如何影响人类身体的信息。

太空生活影响宇航员健康

在太空，宇航员要体验微重力即失重状态，由于失去了地球大气层的保护，他们还要暴露在辐射环境中，同时还得忍受更大的心理压力，这些都可能影响宇航员的健康。一直以来，美国航空航天局对宇航员在太空的身体状况及心理压力极为关心，并不断进行测试。有两个美国宇航员是双胞胎兄弟，哥哥名叫马克，现已退休，弟弟斯科特在太空待了近一年。科研人员对他们兄弟俩进行了测试，结果发现:弟弟返回地球后，身体被拉长大约 5 厘米，肌肉萎缩，皮肤变得易过敏。虽然两人的基因几乎完全相同，但经历了太空生活后，弟弟的身体状况发生了很大的改变。

安娜·索菲娅说，在她很小的时候，就知道宇航员在太空生活时要比地球上更容易生病，因为他们的免疫系统弱化了。因此，她开始学习有关太空和人类身体方面的知识。除了生物学方面的知识，她还跟着老师学习科学期刊中的相关研究文章。通过这些学习，安娜·索菲娅知道，人类与其他生物的 DNA 分子携带有遗传信息，而太空飞行会导致人的 DNA 发生变化。在研究中她还发现，环境也会影响人的健康，其途径是通过微妙的 DNA 核外遗传来改变。这些变化来自饮食、有毒物质和其他因素，它们会影响人体的许多功能，其中包括免疫系统的功能。

地球与太空同步的实验

基因研究项目要顺利开展，需要使用一种新的器械——微型的 PCR 机，该装置能把 DNA 复制成数以百万计的微小模块，以此来帮助科学家进行研究。

安娜·索菲娅在得知微型 PCR 可以监测核外遗传的变化后想出了一

个点子。她与指导老师、麻省理工学院生物学研究生霍利·克利斯坦森一起，研发出两个相同的程序来进行操作，一个在地球上，一个在国际空间站。这样做的目的是，看微型 PCR 机是否在太空也能像在地球上一样工作，因为此前这个机器从未被用于太空。

基因研究项目被选中后，安娜从斑马鱼鱼苗体内提取出 DNA 样本，然后复制了另一套相同的样本，一套随微型 PCR 机一起发送到太空，另一套利用 PCR 机在地球上进行研究，这样就可以不间断地比较两项实验的结果。借助斑马鱼鱼苗的 DNA，研究者可以通过核外遗传的变化，寻找到标记物，以它作为标准或者参照，验证微型 PCR 机在太空工作是否与在地球上工作一致。

2017 年 4 月，部分实验品搭载火箭从肯尼迪航天中心发射升空送往国际空间站，安娜作为代表出席了发射新闻发布会，在观看火箭发射时，她感叹道："简直难以相信正在发生的一切！"

实验品到达国际空间站后，英国宇航员蒂娜·皮克把微型 PCR 机打开，这是人类第一次在太空做复制 DNA 的研究，而且在地球上，相同的实验同时进行。一个月后，皮克安全降落在太平洋，把样品带回地球。安娜通过国际空间站的视频信号，对皮克做出的贡献表示由衷的感谢。

安娜取回来自太空的样品，立即与地球上的实验结果进行分析和比较，结果与她所预计的完全一致，这也证实微型 PCR 机在太空能够正常运转。安娜认为："这个实验说明，我们现在可以利用它来探索宇航员在太空的 DNA 变化以及可能会影响他们健康的因素了。"

·摘自《读者》（校园版）2018 年第 6 期·

天体是如何命名的

西门小栈

当一个行星系还只是星表上芸芸众星之一的时候，其中星体的名字非常简单：中心的恒星就是发现它的望远镜或人造卫星名再加一个数字；行星则是在恒星名的后缀上加从 b 开始的小写字母；至于卫星，由于不可能从地球上观测到，我们天文学家不给无法确定轨道的天体命名。这套命名法简单明了，就是没什么辨识度，不方便我们讨论。

所以到现在为止的惯例是，当一个行星系接受了人类的拜访，就将获得一套来源于某个叙事体系的名字，并尽量把整个行星系统的命名都包含在这个体系内。

太阳系行星和卫星的命名以古希腊和古罗马神话为基础。除此之外，最初发现的小行星也大致在这个命名框架内，比如最先发现的谷神星，是罗马神话里掌管农业与丰收的女神赛里斯，随后的智神星是大名鼎鼎的雅典娜，婚神星是神后朱诺，灶神星是掌管炉灶与家庭的维斯塔，接下来也几乎都是清一色的女神——女神们都被分配到了小行星上。不过因为小天体实在为数众多，后来小行星的命名权就放开给了发现者。

而从公元2006年起划出的“矮行星”分类，也因为古希腊和古罗马神话里的神不够用了，开始从其他民族的神话里借名字。

沿袭这个逻辑，就连行星、小行星上的地形地貌，也常常跟用来命名它的这位神有关。比如金星上几乎每一个地名都是某个民族神话里的美丽女神——最高峰叫玛特火山，玛特是古埃及的真理女神；还有一座阿克纳火山，阿克纳是玛雅的生育女神。此外还有其他来自全世界各个民族神话中人物的名字，共同点是都是女性，唯一的例外是麦克斯韦火山，它是以物理学家麦克斯韦的名字命名的，这也是金星上唯一的“男性”。水星被命名为墨丘利，它表面的环形山就全都以诗人、画家、音乐家的名字命名。爱神星是一颗小行星（编号433），它上面的撞击坑全部以著名爱情故事里的男女主角命名，比如贾宝玉和林黛玉。

· 摘自《读者》（校园版）2018年第8期 ·

我们为什么要探索金星

【俄】亚历山大·罗金

至少从20世纪初开始，火星和金星就一直是科学研究与公众幻想的热门对象。从20世纪60年代开始，拥有先进航天技术的国家，纷纷开始发射无人探测器探索这两颗行星。

然而，一直以来，火星得到的关注要比金星多得多。自2002年以来，每年至少有两个火星探测器在采集数据，保持着活跃状态，2016年更是有七个之多。

这也可以理解。火星的环境远比金星宜居，毕竟后者的地表温度将近480℃，地面气压是地球的92倍，而且常年笼罩在厚厚的硫酸云层之下。

我们已经掌握了火星上曾有液态水的证据。这让我们无法排除那里曾有生命存在的可能——就算现在依然存在也不稀奇。

相较于火星，金星的大小（只比地球小 5%)、构成和表面重力与地球更加相似，但金星上的恶劣环境让生命难以存活。

尽管如此，金星依然值得研究，我们有必要了解它是如何变成现在这个样子的，以及如何避免地球重蹈覆辙。

金星还能帮助我们理解最新发现的系外行星。位置十分靠近恒星的系外行星数量很是惊人，公转周期最短的可能只有区区几天。迄今为止，此类行星仍以巨型的“热木星”或“热海王星”居多。不过，不断改良的探测仪器总有一天，会让天文学家发现“热金星”。

如果真到了那么一天，金星将成为珍贵无比的参照对象，帮助我们解读那些遥远星球的观测结果。

就其自身而言，金星也是一颗令人着迷的星球。虽然它的大小和构成与地球类似，但是，没有证据表明，那里也存在着地球这种持续让地壳循环再生的板块构造。不过，金星的地表布满火山、岩浆流以及其他显示曾存在构造活动的地质证据。如果此类活动仍在继续（而且这种可能性很高），将为我们提供无比宝贵的信息，供我们了解这颗行星的内部构造与其他方面。

金星自转一周的时间为 243 天，方向与它绕日公转的方向相反，这一点跟其他行星不同。但是，金星上的云层只要四天就能环绕全球一周，这种现象被称作“超级环流”，这种超级环流几乎席卷了金星的整个大气层，直抵 80~90 千米的高空。

金星的“两极地区”不断生成气势恢宏、变化莫测的旋涡。因此，金星上的大气运动类似于一种覆盖了整个星球的飓风，拥有两个分别位于两极的“风眼”。

科学家希望，金星的大气动力学，能够帮助人们预测乃至控制地球上的飓风。

对普通大众而言，开展行星探索的最大理由，大概就是寻找地外生命。

金星上极端恶劣的气候，是否意味着任何类型的生物都不可能在那里生存？出人意料的是，有些专家给出了否定的回答。他们声称，金星大气中富含的气溶胶微粒，理论上可供某种形式的生命生存，那里具备所有必要的条件：距离行星表面50~70千米的区域温度适中，存在液态水和丰富的化学物质。这个看似异想天开的假说究竟是否属实，只能靠今后的研究来证明。

·摘自《读者》（校园版）2018年第11期·

宇航员无聊了怎么办

韩芳娴

2016年3月2日，美国宇航员斯科特·凯利结束了340天的太空旅程,安全返回地球。他因此成了在太空停留时间最久的美国宇航员。然而,凯利回忆起这段太空时光时不禁感叹——那真是一个无聊至极的地方!太空舱里每天的温度都是一样的，身边只有无数的机器和电线，还有各种无菌混合物。宇航员被长时间限制在这一单调狭小的空间里,与世隔绝,孤独寂寞地生活着。虽然他们在进入太空之前都受过类似的隔离室训练,但即使经验最丰富的宇航员，在这一成不变的单调面前，难免都会产生巨大的心理压力。

前车之鉴

20 世纪 80 年代，心理上的压力导致苏联宇航员瓦伦丁・列别杰夫和他的指挥官之间产生了不小的裂痕。列别杰夫在他所著的《宇航员日记》里描述了这些冲突的细节：当时他们一同居住在俄罗斯的空间站上，有时会因为莫名其妙的原因在几周的时间内没有交谈，甚至当对方安静地从自己身边走过时都会觉得受到冒犯。尽管他们都知道，在太空中，特别是在持续如此长时间的任务中，沟通是必不可少的，这种不必要的冲突显得非常不明智。换句话说，宇航员能够适当地缓解压力、控制好自己的情绪是圆满完成任务的关键。

因此，如何减轻宇航员在太空旅行时的单调感，降低他们在长期任务中体验到的心理压力，成为科学家们研究的热门课题。

大自然的魅力

我们知道，大自然的景色有助于人们缓解压力，目前已经有不少科学家验证了这一说法。在最近的一项研究中，来自韩国的研究人员使用核磁共振成像技术，测量了受试者在观看自然场景和城市场景时的大脑活动。结果显示，城市场景激活了杏仁核，这将会造成受试者焦虑加剧和压力增加；而自然场景则使得受试者更多的血液流向大脑中与移情和利他行为相关的区域，这有助于他缓解压力，从容地处理人际关系。

另外，意大利维罗纳大学的研究人员发现，置身于自然环境能够帮助人们改善认知功能、降低血压、调节情绪，使他们可以更有效地完成预定的任务。

在虚拟世界中飘浮

杰·毕其——美国前宇航员，现为达特茅斯学院的太空医学和生理学教授。当宇航员期间，毕其所执行的每一个航天任务的持续时间都在三个星期左右，所以他没有经历过像斯科特·凯利那样超乎想象的单调。尽管他的太空之旅不至于那样使人不快，但他仍然感到有必要进行一些改善。现在，毕其和他的同事们正在尝试通过虚拟现实头盔，向受试者展示一些自然界中宁静祥和的场景以营造一种舒适的氛围，看看这是否能降低他们的心理压力水平。

毕其和他的团队为受试者创造了两个自然界的美妙体验：一是去爱尔兰游览郁郁葱葱的青山，二是躺在澳大利亚的海滩享受美妙的海景。当然，这些受试者实际上只是戴着虚拟现实头盔坐在教室里，哪儿也没去。为了增加场景的真实性，他们还在观看海景的受试者身边放置热灯，让他们觉得自己真的在进行温暖的日光浴。研究人员通过测量这些受试者的心率和皮电反应（皮肤电阻或电导随皮肤汗腺机能变化而改变），来分析出他们此时各自的心理压力值。

宇航员的特殊需求

到目前为止，虽然这项实验的初步结果是非常鼓舞人心的，但这些都是高度个性化的反应，而且受主观意识的影响较大。再则，对我们普通人来说，大自然的场景确实更有利于消除紧张、减轻压力，但对于一个长期孤独地生活在封闭环境中的宇航员而言，大自然的场景未必有利于消除他们的孤独和紧张情绪，说不定他更希望看到的是城市里热闹非凡的场面呢。

为此，毕其的研究小组正在做不同的实验，并不断地优化这些虚拟场景和技术，让它们以最接近真实的状态出现在受试者面前，从而找出受试者最感兴趣的东西，以便更进一步地帮助未来的宇航员以及其他在隔离状态下工作的人员从容应对压力。

·摘自《读者》（校园版）2018年第11期·

太空中洗澡是件奢侈事儿

毛　颖

洗澡在地球上是稀松平常的事情，但在太空环境中是相当奢侈的。当然一大原因就是太空中资源十分紧缺。虽然探测的星球上 80% 都是水，但在最终准确的报告下来之前，大家都不敢贸然使用这些水，因为那无疑于作死。那么，同学们知道宇航员们要在无重力的太空环境中洗澡，有哪些学问吗？

1. 太空中没有细菌，为啥还要洗澡啊？

虽然到了外太空，但人体还是要进行新陈代谢的，换言之，没洗的头仍然会油腻，不洗澡仍然会产生死皮。油腻的头发会散发出异味，而死皮也不会像在地球上那样脱落，而是会越积越多，如果不勤清洁，皮肤会很痒。洗澡就是来解决这些问题的。

2. 太空中如何洗澡?

通常来说，在太空中不叫“洗”澡，而叫“毛巾浴”，就是用水将毛巾打湿，然后擦拭身体。当然也可以将水弄到皮肤上（因为无重力环境和表面张力的缘故，水会贴到皮肤上），加上肥皂水，再用毛巾擦拭，身体就能清爽了。头发也是用水和免洗洗发水洗过之后，直接用毛巾一擦就搞定了。

3. 在太空洗澡能好好享受淋浴吗?

由于太空处于无重力环境，如果淋浴的话，失重的水珠会到处飞舞，洗澡时，一不小心水珠就会进入眼中，再一不小心就会溺水。如果要淋浴，就要像潜水员一样戴好护目镜和呼吸罩。“空间实验室”和“和平”号空间站都设有这样的洗澡间，它是由一个不透水的强力尼龙布制成的圆柱形淋浴罩，上连天棚，下接地板，顶部有水箱、喷头和加热器，洗澡前还要把脚固定以免飘浮起来。

宇航员这样洗一次澡一般只有十多分钟，但事先的准备工作和事后的清理工作得花上两三个小时，而这样洗澡能够回收的水也有限，换句话说，开销也挺大。你说这样洗澡是不是很奢侈呢?

· 摘自《读者》（校园版）2018 年第 11 期 ·

刺激诱人的火星岗位

杨秀英

火星岗位富有挑战性

2030 年的火星之旅注定要成为人类历史上最伟大的探险，为了完成这项壮举，美国宇航局贴出海报，提供一系列火星岗位，欢迎各行各业的人才去火星上班。

从工作内容来看，火星上的好岗位多着呢！

比如，为了考察火星的地理环境，美国宇航局需要专业的“火星探险家”，他们将徒步拜访太阳系最大的峡谷——火星上的水手峡谷，同时有机会在壮观的荒漠中看到蓝色日落（因为火星沙尘中含铁的氧化物喜欢吸收红光，导致太阳偏蓝）。为了进一步拓宽宇宙视野，寻找外星生命，科学家将在火星的两个卫星——火卫一和火卫二上建立观测站，因此需要“夜班经理”，他们可以在夜晚的办公室里欣赏苍茫的银河。火星矿产资源丰富，人类当然要好好利用，“火星技术工程师”将会操作和监视机器人开采资源，并且承担建立火星大本营和日常机器维护的任务。至于食物供应的问题，会有专业的火星农民来解决，他们负责在火星种植西红柿、莴苣、豌豆、萝卜等蔬菜，可以体验到人类久违的安静祥和的田园生活。

这些岗位是不是既诱人又刺激？其实，申请去火星工作并不难，美国宇航局开出的条件包括：必须是美国公民；至少拥有工程学、生物学、物理学或数学领域的学士学位；技术人员至少要有 3 年的工作经验；飞行员至少要有 1000 小时的飞机驾驶经验；身高不低于 1.57 米，不高于 1.9 米。只要符合上述要求，你就有机会成为第一批火星上班族，得到 6.6 万至 14.5 万美元的高额年薪，同时担负起开发火星的重任。

上岗需要严格考核

不过，申请者想成为一名正式的美国宇航局火星宇航员却并不容易。由于申请者太多，美国宇航局的初步筛选就要花好几个月。在 2016 年 12 月到 2017 年 2 月之间，有将近 2 万人申请美国宇航局 2018 年火星宇航员训练营的名额。对于那些能够幸运地通过初次筛选而成为候选者的人来说，他们之后还要接受持续数年的专业知识讲座、健身房训练、太空环境模拟训练以及机械修理等培训项目，确保自己具备强壮的身体、丰富的知识以及出色的动手能力。

除了硬实力之外，美国宇航局更加看重的是候选者的软实力。

比如，火星宇航员必须具备极强的忍耐力。人类的首次火星之旅将会是冗长而乏味的。虽然火星与地球最近距离只有 5500 万公里，这个距离，即使以光速行驶，也要花上 3 分多钟，更不用说每秒只有 11 公里多一点的火星探测器了。况且，火星与地球在不停地运动，所以宇航员们需要以 5 个人为单位挤进露营车大小的太空舱，在零下 270 摄氏度且充满宇宙辐射的真空环境中航行大约 4 亿千米、经过不少于 200 天的时间，才能够在火星登陆。在火星上，他们至少要工作 300 天，直到火星和地球到间距最近的位置才能返航。美国宇航局的科学家预测，即使一切顺利，火星宇航员也要在地球之外生存将近 1000 天。连续 3 年身穿臃肿的宇航服，长时间在失重状态下行动，并且无法呼吸新鲜空气，这对人的忍耐力是极大的考验。

又比如，火星宇航员必须头脑机智、反应敏捷。一旦踏上火星之旅，就意味着宇航员将远离地球，没有后勤保障，出了任何问题都只能靠自己解决。1970 年的阿波罗 13 号事故就是一个可供参考的案例。当时阿波罗 13 号在飞往月球的途中发生爆炸，损坏了氧气储备仓，3 名登月者在茫茫太空中只能利用飞船中的物品，临时组装了二氧化碳过滤装置，以避免因氧气中的二氧化碳含量过高而窒息。最终，登月者凭借高超的应变能力，侥幸将船舱降落在太平洋海面，死里逃生。在漫长的火星之旅中，燃料、氧气装置同样有可能出现故障，火星宇航员没有临时地点可以停靠，火星宇航员的每一个决定都生死攸关。

如果上面的素质你都具备，那么在火星宇航员的选拔中，你只剩下最后一关了——克服对死亡的恐惧。火星宇航员能活着回来吗？成功的概率似乎不大。曾经跟随哥伦比亚号航天飞机上天的德国宇航员乌利希·瓦尔特就公开反对美国宇航局的征召，他认为这完全就是一次不归之旅。但美国宇航局表示，他们将通过一系列的心理辅导来帮助候选者，并利用医学和心理学测试来筛选出能够做到视死如归的火星宇航员。

届时，那些美国籍的人类精英将随着猎户座飞船升天，成为人类第一批“火星员工”。

·摘自《读者》(校园版)2018 年第 18 期·

在月亮上踢足球

竹 叶 编译

跃动的球员

如果你看过有宇航员在月球上蹦蹦跳跳的情节的影片，就一定会记得他们如同充气娃娃一样的身姿。不过或许你还注意到了另一点，那就是被宇航员扬起的尘埃回落的速度特别快——这可并非如一些人所笃信的那样，是因为影片摄制于地球上某个高度机密的电影制片厂的缘故，而恰恰是在月球这样的环境下才能有幸目睹的现象。物体在月球上所受的重力只有地球上的1/6，这使得宇航员们看起来像是行动缓慢又滑稽的笨蛋。但同时因为月球上没有空气，尘埃无法悬浮于空中，反而会以比在地球上快的速度坠落。

那足球在这样的条件下又会怎样表现呢？如果仅仅是让球在平地上滚动，那它与在地球上时不会有什么两样；然而只需轻轻一踢，一切就改变了。当我们踢球时，足球的运动速度可以被分解为水平与竖直两个方向的分量：水平方向的速度代表足球离踢球者远去的快慢，而竖直方向的速度则对应足球离地时高度提升的快慢。

而无论是在地球还是在月球上，重力的方向都是竖直向下的，会使足球朝地面坠落；换句话说，重力只会减小足球在竖直方向的运动速度。因此在重力作用下，被踢出的足球在水平方向上会以恒定速度离踢球者远去，同时足球的上升速度会逐渐减缓，直至为零。在到达最高点后，足球又会沿着与上升时完全对称的轨迹下落。

迷失在巨大的球场上

刚说过，月球上的重力仅是地球上的 1/6，故而在月球上，足球竖直方向的减速需要原先时间的 6 倍，这使其在水平方向上的运动时间也延长至之前的 6 倍。因此，在月球重力环境下以相同的力踢球，足球飞出的距离能达到地球上的 6 倍远。其实足球能达到的高度也是地球上的 6 倍，不过球员们能达到的高度也变成原来的 6 倍，所以头球还是不成问题的。如此说来，如果我们不希望一脚就把球踢出球场，或是让足球比赛演变成两位守门员之间的“脚上网球”、其他球员只能像拨浪鼓一样盯着球的话，我们就需要一个比地球上的球场大 36 倍的足球场：长 720 米，宽 540 米。如此距离，眼神真得足够好才能看到球……显然，要在这样的条件下进行足球比赛，实在荒唐。

不过细细一想，我们或许犯了一个错误：就像所有严谨的物理学家那样，我们的计算是基于真空进行的，没有考虑空气阻力的作用，然而空气一直都是至关重要的因素。让我们重新根据地球重力（依然不考虑空气阻力）再算一次：假设守门员的一记长传令足球以 40 米 / 秒的速度朝 30° 仰角的方向飞出，它将越过对方守门员，砸落到后方看台的观众身上，或者说，他们的氧气面罩上（鉴于是真空状态下）。

空气中的阻力

若是在地球上,这一切就不会发生。为什么？因为空气会令足球减速。具体来说，空气阻力会使守门员长传的距离减少至真空状态下的 1/3。除此以外，空气也是有趣的“弧线球”“香蕉球”等得以存在的原因。

你或许会问：“月球上不是没有空气吗？”不要紧，我们只需要在一间注满空气并维持着地球大气压的场馆里踢球就好啦！这样一来，球员就能穿着短裤而不是宇航服踢球了。这种情况下，空气阻力足以缩短足球的运动轨迹吗？在回答这个问题前，我们先来梳理一下个中原理。

当心反弹

与重力不一样，空气阻力会同时减小足球的水平速度和垂直速度，因而球的运动轨迹不再像真空中那样是一个对称的抛物线。在下落过程中，由于足球的水平速度相比上升时有所减缓，故其运动轨迹的弯曲幅度会变大，就像被强行朝下拉了一般。此外，摩擦力的大小与足球运动速度的平方成正比。也就是说，足球运动得越快，它受到的摩擦力就越大。又因为月球上微弱的重力使足球下落得较慢，从而造成了一个看似矛盾的结果：足球在竖直方向上受到的摩擦力比水平方向小（水平方向速度的减缓过程与地球上一致）。简而言之，足球远离踢球者的速度远不如其坠落速度，以致足球在月球上的运动轨迹变形更为严重，向下弯曲幅度比在地球上更甚。如此，即便是标准大小的足球场也可以踢球了吧？当然了！我们甚至可以想象这样一个狼狈的场景：随着守门员一记大脚解围，所有人都在场上疯跑，以防足球在地面和天花板之间来回反弹而伤到球员和观众。

为什么呢？因为要不是有天花板，足球怕是早就弹到25米高的空中（大约10层楼的高度）了，这样的高度对于一个地下的月球体育馆来说可不太现实。解决方案无非就是挖一个能塞得下一座大教堂的体育馆，或者更经济点，换一个更重的球来踢：更大的质量不仅使足球下落得更快，球离脚时的初速度也更慢（在受力恒定的条件下，球的速度与质量成反比）。专门“欺负”低密度“大块头”的空气阻力若是撞上个密度高的，其影响自然会有所减弱。

软木足球

按照我们的计算，只需一个软木做的足球，就可以在月球上一座并不太高的体育馆内的标准足球场踢球了。不过这很容易令人厌烦：同样踢一脚球，在地球上仅需飞上3秒钟的轨迹，在月球上却要耗费近7秒。此外，用头顶一个重达1.5千克的球恐怕不是一件令人舒服的事情！这么看来，在月球上可能还是用游戏机踢足球更好……

·摘自《读者》（校园版）2018年第18期·

如何与外星人愉快地聊天

张　婷

数学是首选宇宙语言

科学家们认为，与外星人沟通的可能性在于某些超越文字的宇宙逻辑或感知。因此，宇宙语的研究突破口主要集中于三个领域，即数学、音乐及图像。

早在18世纪末19世纪初，人类就曾经设想过与火星人通讯的可能性，包括向太空发射莫尔斯电码，砍伐地球上的森林形成某种几何图形等。1896年，数学家弗朗西斯·哥尔登指出，数学是文明的核心，如果能用数学的方法表达语言，是最容易被外星人接受的。意大利天文学家伽利略也曾说过："数学是上帝用来书写宇宙的文字。"

沿袭这一思想，荷兰数学家汉斯·弗罗登塞尔设计了一种以数学为基础的人工语言——宇宙语。1960年，弗罗登塞尔出版了一本宇宙语的经典专著《宇宙语：一种为宇宙间沟通而设计的语言》，详细介绍了这种数学人工语言的规则和代码，用数学及逻辑的方法来构造词句，而不是字母或笔画。

同时，弗罗登塞尔还设想可以用发射不同波长的无线电波来表示不同的意思。例如可以用短的无线电波信号代表数字，长的无线电波信号代表加减符号，利用它们之间的不同组合来表示不同的含义。弗罗登塞尔认为，与外星人沟通交流应当循序渐进、由浅入深，先从最基本的数学概念开始，然后逐步扩展到复杂的文化概念等。

除用数学逻辑与外星人沟通，研究者们还设想通过音乐和图像与外星人沟通，把图像分解为诸多像素方格，利用颜色的深浅，用数字0与1分别表示出来，形成一幅数字信号图。

有一些科学家认为音乐是无国界的语言，可以跨越文化、种族甚至星际的差异。因此，音乐应该也可以是与外星人沟通的宇宙语。

我们可以看到，在以上三种沟通方法中，以数学逻辑为基础的宇宙语是基础以及核心，图像宇宙语最终也要编码成数字信号，才能向外星人发射。中山大学教授、语言学家、数学家周海中认为，数学表达准确简洁、逻辑抽象、形式灵活，是宇宙交流的理想工具。数学语言是首选的宇宙语言。

悬赏100万美元“寻找”沟通方式

美国加州大学伯克利分校将于2015年秋季，开设一门为“宇宙交际语言”的选修课，讲授如何设计“宇宙语言”以及如何利用它与外星人联系。

不过加州大学伯克利分校科学传播部负责人鲍勃·桑德斯表示："这门课听起来会非常有趣，但我们目前还没有类似课程向学生开放。"

有报道称，实际上英美的一些大学，如美国的康奈尔大学、普林斯顿大学，英国的利兹城市大学等，都已开设或计划开设类似"宇宙语"的课程。这些课程大都围绕搜寻外星人展开，例如外星人存在的可能性，外星人的语言表达方式和交际手段，如何与外星人接触，以及接触时要向外星人传递哪些信息等。

加州大学伯克利分校是在搜索外星人方面实力最雄厚的大学之一。近日，英国著名物理学家霍金，启动了一个名为"突破倡议"的科研探索项目。该项目旨在搜寻地外生命，以及研究如何与地外生命沟通交流。整个项目将持续10年，由俄罗斯富豪尤里·米尔纳全资赞助，预计耗资1亿美元。加州大学伯克利分校也参与其中。

桑德斯介绍，加州大学伯克利分校一直积极投身于外星人搜寻项目，虽然尚未向学生开放这一课程，但他们还与"突破倡议"项目联合推出了一个旨在呼吁各国民众共同参与的"宇宙语"研究计划。这一计划叫作"突破信息"，希望吸引全球各国对外星语言研究有兴趣的公众共同参与，讨论如何形成一种行之有效的方式与外星智慧生命沟通。这一项目将由美国著名科普作家、节目制作人安·德鲁彦负责。这一项目对每一个人开放，对于提出卓越观点和理论的个人，"突破信息"项目组将给予奖金奖励，奖金总额达100万美元。

已多次发送"宇宙语"信号

自从1960年弗罗登塞尔首次设计出以数学逻辑编码的宇宙语以来，宇宙语的研究已经经历了半个世纪的努力，其中不乏大胆的实践。人类最早往外太空发送信息是在1974年。这是一条经过编码的图像信息，长度为1679比特，科学家们解释，1679是23和73相乘的结果，如果将这一信息作为23×73显示，将出现一些简单的几何图像。这条信息由射电望远镜发出，目标是球状星团M13，预计将于26974年才能到达。1999年和2003年，加拿大天文学家伊万·达蒂尔和史蒂芬·杜马斯，曾分别将载有他们自行设计的数学语言信息，通过射电望远镜发送到太空。他们原本还计划用航天器向外太空发射人类头发样本、照片等物体，但因资金限制未能实现。

2008年2月，美国宇航局将披头士乐队的经典歌曲《穿越苍穹》发射到了太空，以庆祝宇航局成立50周年。2009年8月，澳大利亚“国家科学周”推出一项名为“来自地球的问候”的活动，征集了来自195个国家和地区的25880条信息。经过数学语言转化后，成为总共达284.55万个字节的二进制码。当年8月31日，这些宇宙语从堪培拉太空信息中心发送到了行星葛利斯581d，预计将于2029年到达。

外星人与地球人的数学相同?

“如果一头狮子会说话，我们未必能够理解它，”哲学家维特根斯坦指出，“没有相同‘生活形式’的物种无法沟通。”

虽然地球人已经多次尝试向外星智慧生命发送宇宙语信号，但迄今为止，并没有得到确切的回复。与兴致勃勃支持宇宙语研究的科学家不同，天文学界也有部分科学家对宇宙语存在疑问。

印度科学家森达·萨勒凯质疑，地球人的数学与外星人的数学也许存在很大差异，相同的数学算数基础不一定衍生出相同或相似的高级数学。

还有的科学家担心，地球人的音乐在外星人听来也许是可怕的噪音，假如外星人截获这些音乐，可能引起的是敌对情绪，使地球陷入危机。

争议虽在，人类的好奇心却无法磨灭。“突破倡议”的赞助人尤里·米尔纳说：“我所资助的 1 亿美元，将使得这个项目每天收集到的信息是过去几年的总和。这是一场赌博，一旦有回报，就是巨大的回报。”也许，在未来的 10 年内，地球人真的可以通过宇宙语与外星人聊一聊。如果那一天真的到来，你会跟外星人说些什么呢？

·摘自《读者》（校园版）2015 年第 20 期·

太空“漂流瓶”

石　头

未来的某一天，你的名字将遨游太空，最后停留在满是砂石的火星荒原之上，头顶灿烂星海，等待后世的人们登陆火星时发现你的名字。这样的浪漫不是科幻小说，而是现实。现在，美国宇航局、欧洲宇航局和日本宇航局提供了送个人的名字去太空的机会——把名字放在航天器上，它就能去太空转一圈了。这和把自己的名字写在纸条上，再装入瓶中扔向浩瀚无垠的大海有点像，只不过这次“漂流瓶”是在太空中游荡。

领取太空“登机牌”

各国航天局给公众提供这种有趣的机会，初衷是想给人们提供低门槛的参与太空探索的机会，同时借此博取公众的关注和支持。

太空探索花费巨大，动不动就上百亿。完成这种耗费巨大的航天任务，各国宇航局就需要争取更多的公众支持。现在，宇航局可以将众多纳税人的名字集中写入一小块闪存上，然后他们就与某次航天任务相关了。宇航局通过这种方式,对所有对航天任务有过帮助的人表达感谢之情。

这种“太空漂流瓶”一出现,就受到了地球人的热烈欢迎。一般来说，搭载着“太空漂流瓶”的太空探测器大都与探索太阳系的行星有关，因为公众觉得，这些和地球离得很近的天体比其他天体更贴近自己的生活。宇航局还提供了多任务旅行，比如，让你的名字搭载探测器去猎户座来一个“处女航”，那么，回来后，你的名字还会被拉到近地轨道外的目的地(比如火星)旁边去溜达一圈。这样的话,你的名字就与行星扯上关系了，甚至在地球上的你还能得到一个“登机牌”，以证明你的名字的确“登机”了，你也可能会得到一个像模像样的“票根”。

目前，有大约 30 项航天任务提供了“名字上太空”的机会，国外许多人参与了这样的活动。现在,相当多的人名已被放在距离地球遥远的“太空漂流瓶”中。

只要愿意，所有的地球人都有往太空“扔瓶子”的机会。当然，美国宇航局对送上太空的名字的长度是有限制的，信息量不能太多，一般在 12 个字节以内。在有一次的太空任务中，他们还把含有更多信息量的人类照片送上了太空。迄今为止，人类发射规模最大、复杂程度最高的行星探测器“卡西尼·惠更斯”号，不仅搭载了 50 多万人的电子签名，还带去了一些宠物的爪印。

非同寻常的纪念品

搭载人名的“太空漂流瓶”并不仅仅是宇航局的噱头，它还反映了今天的科技时代和科技文化上的一些变化。

以往在探险时，探险者会随身带上很多东西，但大部分都是一些必备品。偶尔，探险者也会带很轻但非常有纪念意义的东西，比如国旗。如此火爆的“太空漂流瓶”和那些探险纪念品不一样，虽然它提供不了什么有用的信息，甚至连纪念物也算不上，充其量只是表明“我的心与你同在”之类的愿望，但是“太空漂流瓶”有其独特的魅力，它是属于那些没去过“探险地”的人的东西。随着信息存储设备能力的增强，向太空投一些有个性的电子物品是可行的。我们可以在体积超小、重量超轻的芯片上存下更多的信息。

电子名字与星际任务绑在一起

另外，“太空漂流瓶”的出现，也显示了人类身份文化的一种改变。

被现代科技文化熏陶的我们，已经非常认同电子身份和在线身份这样的事物，我们认同几个简单的符号就可以完全代表自己的文化。比起中年人和老年人，年轻人更加认同自己的“电子身份”，甚至还可能会因为自己被几个符号代表而变得兴奋。各国宇航局将电子名字与星际任务捆绑在一起，算是互联网时代的一个创新。

最近，美国宇航局的“猎户座”探测任务打出了“叫上你的朋友一起来”的标语，鼓动公众把自己的名字和朋友们的名字一起放到探测器上，然后送上天。“新视野”号是由美国宇航局发射、派往执行探测冥王星任务的机器人探测器，它是第一艘飞越和研究冥王星及其卫星的空间探测器。现在，美国宇航局正酝酿着利用“新视野”号1%的存储量——大约100兆字节来更新航天器上与人类相关的信息，包括图像信息和声音信息，当然也会包括上千个人名。

把你和朋友们的名字塞进“太空漂流瓶”里去旅行，你准备好了吗?

给外星人扔“漂流瓶”

人类向太空“扔东西”其实有年头了。显然，送人类的名字去太空的创意与 1977 年随两艘“旅行者号”探测器被发射到太空的唱片有些类似。当时的唱片里收录了用以描述地球上各种文化和生命的声音以及图像，人们希望它会被宇宙中的外星高智慧生命发现。另外，唱片的封套上还有一块高纯度的铀 238，发现它的外星生命可以据此推算出探测器的发射日期。在金唱片遨游太空之前的 1972 年和 1973 年，飞向太空的“先驱者”号探测器也携带了细小的镀金铝板，上面刻画了一些信息，以说明探测器的发射时间和发射地点，便于在不久的将来，发现它们的外星人能辨识这些信息，并找到地球。

“旅行者”号上的唱片的信息量大概相当于 1 千兆字节的电子数据。不过，这不是个人信息，而是我们整个人类的重要信息，是我们人类为寻找“同伴”做出的努力。

· 摘自《读者》(校园版) 2015 年第 23 期 ·

外星人会把我们一巴掌拍死吗

岑 嵘

当我们仰望星空时，我们常常会想：外星人存在吗？假如他们光临地球，他们会如何和地球人相处？

科幻作家刘慈欣在小说《三体》中提出了“黑暗森林法则”：“宇宙就是一座黑暗森林，每个文明都是带枪的猎人，像幽灵般潜行于林间，轻轻拨开挡路的树枝，竭力不让脚步发出一点儿声音，连呼吸都必须小心翼翼。他必须小心，因为林中到处都有与他一样潜行的猎人，如果他发现了别的生命，能做的只有一件事：开枪消灭之。”

我猜刘慈欣一定是霍金的粉丝。霍金说：宇宙中存在超过1000亿个星系，仅仅基于数字就几乎可以断定外星生命一定存在。鉴于外星人可能将地球资源洗劫一空，然后扬长而去，人类主动寻求与他们接触有些太冒险。他们其中有的已将本星球上的资源消耗殆尽，可能生活在巨大的太空船上，这些高级外星人有可能成为太空游牧民族，企图征服所有他们可以到达的星球。

从 1960 年开始，人们便开始利用射电天文台设法和外星文明取得联系，人类寻找外星文明的技术飞速进步，中国也正在建造世界上最大的天文台，向数万光年外的星球发射信号。那么人类所做的这一切，会如霍金或“黑暗森林法则”所言，导致自身文明的毁灭吗？

我们之所以推测外星文明是“带枪的猎人”，是因为如果发现别的生命，就开枪消灭，这种推理的基础是人类自身的历史。想想大航海时代，哥伦布这些探险家发现新大陆以后，印加文明、阿兹特克文明是如何被漂洋过海的欧洲人从地球上抹去的。

中国人可能尤其理解“黑暗森林法则”，因为无论是从草原上来的游牧民族，还是从海上来的坚船利炮，都曾给华夏文明带来过严重的打击。因此，“在这片森林中，他人就是地狱，就是永恒的威胁，任何暴露自己存在的生命都将很快被消灭”这个法则就不难理解了。

然而，美国行为经济学家、心理学家迈克尔·舍默提出了不同的看法。舍默的观点是，尽管人类是这个实验中唯一的观察对象，而人类早期文明的表现也的确乏善可陈，但是在过去的 500 年里，从相关数据呈现的趋势来看，人类社会的发展还是令人乐观的：殖民主义已经寿终正寝，奴隶制度也行将就木，公民的权利不断提高。这些趋势使得我们的文明变得更加包容。

如果我们把这个 500 年的趋势拉长，扩展到 5000 年或者 5 万年，我们就能明白地外文明是什么样子了。实际上，任何具有远程宇航能力的文明，早就该告别掠夺式殖民主义和不可持续的能源策略了。对于能耗时数万年进行星际航行的外星人而言，靠奴役当地居民而采集其资源的策略未免太低级了。

在一些科幻小说中，宇宙中的高级文明一心想着把低级文明一巴掌拍扁（降维攻击），这实在有点扯，不过我猜好莱坞的编剧会喜欢这样的剧情。

· 摘自《读者》（校园版）2015 年第 24 期 ·

宇宙如同人类社会

北　辰

我们的太阳系包含着八大行星，还有一些小行星和矮星。在太阳系之外，4 光年之外才能见到一颗恒星。而且，太阳系的星体都分布在一个平面上，太阳系平面的上方和下方都是一无所有。所以，太阳系周围很大的空间都空无一物，是一片不毛之地，星际空间的物质就是这样喜欢聚集在一起。

从更大的范围来看，太阳系属于银河系，它位于银河系的边缘，围绕着银河系运转，银河系的直径大约有 12 万光年。我们还知道，尽管银河系有接近 4000 亿颗恒星，但它也只是浩瀚宇宙中一个普通的星系，银河系和周围的 40 多个星系与另一个庞大的仙女座星系，一起构成本星系群，其重心位于银河系和仙女座星系中的某处。本星系群中的全部星系覆盖一块直径约 300 万光年的区域，本星系群又属于范围更大的室女座超星系团。

这样看来，宇宙就像是人类社会，一个人总是感到寂寞，于是它就要寻找同类，很多人聚集在一起，就形成了村镇；更多的人聚集在一起，就形成了城市；由于自然环境适合居住，很多城市都建造在一个区域里，于是就形成了城市群；比城市群更大的就是国家。宇宙中的物质分布也是这样的。

宇宙中的都市

2012 年 8 月，美国科学家宣布，他们发现了迄今为止最大的星系团集群，位于凤凰星座，所以被称为凤凰星系团集群。星系已经够大的了，星系组成团就更大了，而且这里是很多的星系团进一步组合在一起，形成了更庞大的集团。这里也许可以被称为宇宙的都市。

不仅凤凰星系团本身巨大，它内部所包含的中央星系，也是目前观测到的质量最大的同类天体。这是当前发现的最大的星体结构，它们一起组合成星系部落，凤凰星系团集群距离地球大约 57 亿光年。

类星体也是庞大的星体结构，目前对它的结构认识还不清楚，但是我们已经知道，它虽然赶不上星系的质量大，但是发射出来的能量要比星系强得多。现代天文学家发现，类星体也有这种爱好，喜欢成群地聚集在一起。

类星体不像星系那样在我们的周边，它们一般在宇宙边缘距离我们很远的地方，很多个类星体聚集在一起被称为大型类星体群组（large quaser group），英文简称 LQG，一个典型的 LQG 的长度约为 16 亿光年。2013 年 1 月，英国科学家宣布，他们发现了由 73 个类星体构成的大集团，这是迄今发现的最大的宇宙结构。这个巨大的宇宙结构，最窄直径为 14 亿光年，最宽直径为 40 亿光年。

星体的种类分布如同社会的职业

2000 年，“斯隆数字巡天”计划开始了，该计划使用的是一台口径 2.5 米的望远镜，它的主要目的不是看清楚天体，而是要做一次大规模的天体“人口普查”。计划观测 25% 的星空，获取超过 100 万个天体的光谱数据。“斯隆数字巡天”计划主要关注恒星、星系、超新星、类星体等，进而研究宇宙的大尺度结构。

做这种天体普查工作的，还有即将开始工作的中国“郭守敬”望远镜和一些天文卫星。在这一系列巡天观测中获得的数据，可以帮助人们更好地了解宇宙的大尺度结构。

研究表明，宇宙间的星体也如同人类社会那样，存在着多种多样的种群，多种多样的职业。在一个星系中，会存在白矮星、红矮星、红巨星、恒星、行星、脉冲星和黑洞等各种各样的天体，它们就相当于人类社会中不同的民族，都来到城市中，有人做医生，有人做厨师，有人做建筑师，共同维护社会的稳定和谐。

这些形形色色的星体绝对不会一种类型单独组群形成一个集团，而是组合在一起，共同生活在一个星系中。在每个星系中，都能找到这些成员。

以大欺小无处不在

在人类社会的最初阶段，不管产生什么矛盾，都是用武力来解决的，以大欺小是最根本的生存法则，谁的能力大，谁说话就算数。在宇宙中也是如此，谁的引力大，谁的权力就大。

在每一个星系中，都是恒星占据主导地位，行星和其他小天体都需要围绕着恒星运行，团结在恒星的周围。恒星似乎很厉害，但它也不能为所欲为，它得环绕着星系的中心运行，因为那里的恒星更多，引力更大。

在很多双星中，通常会发生物质吞噬现象，质量大的恒星通常都会把质量小的恒星的物质吞噬掉，因为大天体的引力大，有能力欺负小天体。

即使是我们的银河系，它能成长为今天这样的庞然大物，也是因为引力大，长期吞噬周围小星系的缘故。如今已探测到，在银河系内存在十几个恒星流，它们是被银河系引力撕碎和吞噬的星系残骸。

以大欺小最常见的就是黑洞吞噬恒星的现象。黑洞这种超级巨无霸拥有无法想象的巨大引力，凡是从它身边经过的恒星都会被它吞噬。

宇宙大空洞

1989年，天文学家从星系地图上发现了一个由星系构成的条带状结构，看上去很显眼，就像是一条不规则的薄带子，天文学家形象地称它为“长城”。2003年，“斯隆数字巡天”计划通过对25%的星空中的100万个星系进行测绘，发布了第3版宇宙地图。从这幅图上，人们再一次发现了这种巨大无比的由星系组成的“长城”，这就是“斯隆长城”，也有人称它是宇宙纤维或是宇宙栅栏。

在2006年7月，日本科学家也宣布，发现了由3条“长城”相互交错组成的宇宙结构，这是当时发现的最大的宇宙结构，进一步发现了“长城”以外的结构。于是，宇宙大空洞出现了。

在这个结构上，科学家发现，星系组成的“长城”就是边界，边界的内部是巨大的空洞，什么天体也没有。空洞共有33个，每个空洞的直径可以达到 10 万光年。

直径 10 万光年的大空洞并不稀奇，其实这种宇宙的大空洞早在 1981 年就被发现了，只不过这些大空洞让科学家无法理解。科学家认为，宇宙本来应该处处充满了星体，但是有关大空洞的各种新发现，不断打破着原有的理论，至今，科学家仍不知道它们是怎么形成的。

· 摘自《读者》（校园版）2016 年第 5 期 ·

恐怖的黑色闪电

编译者　索隆

看到的闪电都是蓝白色的，这是空中大气放电的自然现象，一般均伴有耀眼的光芒！但你听说过“黑色闪电”吗？黑色闪电既不是俄罗斯影片《黑色闪电》中的伏尔加老爷跑车，也不是在2008年北京奥运会上被冠以“黑色闪电”美誉的牙买加选手博尔特，它是真正的闪电，它确实存在。为什么它的出现带有灾难性，它又从何而来？科学界一直在不断地研究和探索。

“死丘”爆炸

说到黑色闪电，不能不提到被科学家列为最难解的“三大自然之谜”之一的“死丘”事件。

距今 3600 多年前的某一天，位于印度河中央岛屿的一座远古城市摩亨佐·达罗突然毁灭。1922 年，印度考古学家巴纳尔仁第一次发现该古城的遗址。在对古城进行发掘的过程中，人们发现了许多人体骨架，从其姿势来看，有人正沿街散步，有人正在家里休息。

灾难是突然降临的。几乎在同一时刻，全城四五万人全部死于来历不明的惨祸，“死丘”（即摩亨佐·达罗遗址）由此得名。在对古城的研究中，科学家发现城中有明显的爆炸留下的痕迹。

而且从古城遗迹中可以看出，城市中心被破坏得最为严重，离城市中心越远，建筑物遭到的损坏越小，这种现象与大爆炸造成的结果差不多。科学工作者还在古城的中央发现了一些散落的碎块，这是由黏土和其他矿物质烧结而成的。

罗马大学和意大利国家研究委员会的实验证明：古城毁灭时的温度高在 1400℃ ~ 1500℃，这样的温度只有在冶炼厂的熔炉里或持续多日的森林大火中才能达到，然而岛上从未有过森林。综合几方面的因素可以推断，古城的毁灭源于一次大爆炸。

古印度长篇叙事诗《摩诃婆罗多》提到了这一事件：一阵耀眼的闪电和大火之后，紧接着是惊天动地的爆炸，爆炸引起的高温使得水都沸腾了。此外，印度历史上还有其他关于一次奇特大爆炸的传说，许多“耀眼的光芒”“无烟的大火”“紫白色的极光”“银色的云”“黑夜中的白昼”等描述都可以佐证爆炸是导致古城毁灭的真凶。

这可怕的爆炸场面，使我们不能不和原子弹联系在一起。可是，世界上第一颗原子弹爆炸发生在“二战”末期，3600 多年前是绝不可能有原子弹的。英国学者捷文鲍尔特和意大利学者钦吉推测，3600 年前，一艘外星人乘坐的核动力飞船在印度上空游弋时，可能意外地发生了某种故障而引起爆炸，以致造成巨大的灾难。

黑色闪电现身

随着科学家对闪电研究的深入，有人提出了一种说法——爆炸是由黑色闪电和球状闪电一起造成的。

在摩亨佐·达罗古城的大爆炸中，至少有3000团半径达30厘米的黑色闪电和1000多个球状闪电参与，因而爆炸威力巨大无比。闪电是空中大气放电的自然现象，一般均伴有耀眼的光芒。闪电对人类来说并不是什么稀罕事物，人们经常能够见到闪电，尤其是在夏季。但是，长期以来，人们只看过蓝色闪电和白色闪电，从未看见过不发光的黑色闪电。

黑色闪电作为闪电家族中的一员，确确实实存在着。从古代的一些岩画判断，人类在5000年前就已经遭遇了黑色闪电。科学家通过长期的观察研究，也证明确实有黑色闪电存在。

1974年6月23日，苏联天文学家契尔诺夫就曾经在扎巴洛日城看见过一次飞速滚动的黑色闪电。当时一场大雷雨正袭击该城。一开始是强烈的球状闪电，紧接着飞过一团黑色的东西，这东西看上去像雾状的凝结物。更有趣的是，当时苏军上校包格旦诺夫在莫斯科市目睹了一个平稳的、冒着气的黑色闪电，直径为25 ~ 30厘米，像是雾状的凝结物。它的身后呈淡红色的阴影，周围呈现深棕色的光轮，像烧红了的大火球，飞快地滚动，不久就爆炸了。

1983年8月12日，有人在墨西哥萨卡特卡天文台拍到一张黑色闪电的“酷照”。迄今，这样的照片已有几百张，这些都是黑色闪电光临地球的有力证明。

黑色闪电从何而来

那么，黑色闪电到底是怎样形成的呢？这一直是科学界的不解之谜。

经过多年的研究，科学家得出结论：在大气中，由于阳光、宇宙射线和电场的作用，会形成一种化学性能十分活泼的微粒。这种微粒凝成一个又一个核，在电磁场的作用下聚集在一起，像滚雪球一样越滚越大，从而形成大小不等的球。这些球有“冷”球与“亮”球之分。

“冷”球没有光亮，也不释放能量，可以存在较长的时间，而且它发暗，不透明，只有白天比较容易看到，科学家称之为“黑色闪电”。“亮”球，呈白色或柠檬色，是一种化学发光构造。

黑色闪电出现时，并不伴随某种雷电，它能在空中自由移动，在地面停留，或者沿着奇异的轨迹快速移动，一会儿变暗，一会儿再发光。黑色闪电一般不易出现在近地层，如果它出现了，一定得小心。黑色闪电常在树上、桅杆上、房顶上出现，一般呈现瘤体状或泥团状，初看似一团脏东西，极容易被人们忽视。它本身载有大量的能量，对金属物极其“青睐”，因而被飞行人员称作“空中暗雷”。飞机在飞行的过程中，倘若触及黑色闪电，后果不堪设想。

黑色闪电的“本来面目”很难被揭穿。当黑色闪电距离地面较近时，容易被人们误认为是一只飞鸟或其他什么东西，不易引起人们的警惕。如果用棍击打、触及它，会迅速发生爆炸，小则使人粉身碎骨，大则可能导致一座城市或村庄在瞬间被摧毁！所以，它是“闪电族”中危害性非常大的一种。

黑色闪电体积较小，一般的避雷设施如避雷针、避雷球和避雷网等，对黑色闪电起不到拦截作用，因此，它常常可以极为顺利地到达储油罐、储气罐、变压器、炸药库的附近！虽然黑色闪电很恐怖，但人们碰到它的概率极小。

“兄弟”闪电剑客

除了黑色闪电外，其他还有两种闪电，它们的形成、空间和能量同样不可忽视，它们本身也带着让人不解的神秘感。

首先是干闪电。海外闪电研究专家告诫世人，即使在没有暴雨和雷声的时候，也要当心干闪电的突然袭击。因为云层中的空气和水粒子的湍流作用会在大气中形成电荷，由此形成的闪电已使许多人丧生。离赤道较近的新加坡在过去的40年里，就有100多人因遭到干闪电的袭击而死去。

即使天空没有下过一点雨、也听不到响雷的情况下，闪电活动也可能发生。一般来说，只要在天空中发现类似要下暴雨的云层，在高空作业或野外空旷地区工作的人员就应该马上回到室内，或寻找一处较为安全的地方，避免可能出现的干闪电的袭击。

此外，还有海底闪电。大气中的闪电、打雷我们已司空见惯，这是由于空气的导电能力差，当乌云中正负电荷积累到一定程度时，就会放电。而海水是咸的，且浓度大，导电率相对较好，似乎无法积聚起大量的电荷，怎么能产生闪电现象呢?

其实，海底也有闪电，这是苏联科学家在日本海海底发现的。灵敏的电场仪表明，海底放电的频率与大气中闪电的频率相同。这使科学家大惑不解。因为按照水文物理学规律，深层海水的导电率良好，理应与闪电无缘。

科学家经过反复试验，最后认为：电荷源实际上来自陆地上近海岸的空中，再经过岩石传导，一直深入到海底。但随着传导距离的增加，电量逐渐减少。因此，海底测得的放电量一般是较弱的。这样看来，海底世界也并不平静，它与陆地世界程度不同地息息相通着。

·摘自《读者》（校园版）2016年第9期·

外星人可能联络我们的方式

晨　风

从微弱的无线电信号到巨大的外星飞船轰炸白宫，在科幻小说和电影中的世界，我们总是不乏对外星生命的想象。

当然，在所有这些科幻作品的描述中，有一些是完全不靠谱的，但在现实生活中，确实有很多科学家正在花费大量时间，思考外星智慧生命可能与我们取得联系的方式，他们提出的想法，有些听上去似乎比好莱坞电影还要充满想象力。

从外星超级建筑到采矿机器人，文中罗列的便是科学家们提出的一些与星际文明接触的可能性。

超级建筑

当然，外星文明的标志不一定非要是某种微小的目标，它们也可能是庞然大物。一些科学家指出，如果发现外星巨型建筑结构，那很有可能就是外星人发出的“请来这里”的信号。实际上，科学家们最近一直在严密注视一颗编号为 KIC8462852 的恒星，在过去数年间，这颗恒星的亮度一直反复出现明暗变化。一些研究人员认为,这种明暗变化可能表明，这颗恒星周围存在着巨大的建筑结构，在围绕恒星运行时会周期性地遮挡恒星的光芒。当然，很显而易见的一点是，你并不能排除这种亮度变化也有可能是由系外行星导致或者有其他的可能性。

2015 年 12 月，科学家们研究发现，未找到这一恒星周围存在通信讯号。一名研究人员表示，他们并未找到这颗恒星周围有高级智慧生命正向地球发送星际信号的证据。

激光信号

重复性的激光脉冲信号也有可能是正在尝试与我们取得联系的外星文明存在的证据。因为从理论上说，激光脉冲能够在非常遥远的空间距离上传递信息。为了搜寻这类信号，研究人员将关注重点放在那些极度明亮的闪光信号上，这样的信号很有可能并非是由自然现象产生的。不过遗憾的是，到目前为止他们还没有任何收获。

机器人探测器

当然，外星文明存在的信号也并不一定是以电磁波的形式出现的，也有可能是一艘小型的无人外星飞船。那或许是一艘外星文明派出、用于探索宇宙空间的探测器。

事实上，研究人员指出，由于我们对太阳系的探测程度还很低，如果外星人有飞船部署在小行星带或者火星表面，我们也不一定会发现。这样的探测器可以非常微型，或许只有一个高尔夫球那么大——谁知道外星文明的技术水平有多高呢？

无线电信号

1959年发表在《自然》杂志上的一篇论文中，物理学家菲利普·莫里斯等人提出了一种想法，那就是科学家们或许可以通过监听来自宇宙的无线电信号来识别外星文明的信号。之所以可以这样做，是因为无线电波在宇宙中传播相对而言损耗较小，不会被各类天体吸收或严重干扰。因此他们认为，如果外星文明想要跟外界联系，他们可能会选用这一方式。

数十年来，美国加州的SETI（搜寻地外智慧生命）计划一直在从事着这项工作，不间断地监听来自宇宙的声音。当然，这项计划的前提仍然是假定外星人和我们的思维方式是一样的，但这一想法不一定站得住脚。有科学家就指出："外星人不一定会订阅《自然》杂志。"

发电站辐射

当然，我们不能假定所有的外星文明都想在一个巨大而孤独的宇宙中寻找同类。因此，也有一种可能性就是：他们就像隐士，想要隐藏自己的踪迹。如果这是事实，那么他们就不会试图对外进行广播，试图暴露自己的位置。

然而，理论物理学家弗里曼·戴森则指出，即便一个外星隐士王国，也可能会开发一类被称作"戴森球"的大型装置，用于获取恒星的能量。

戴森本人指出，戴森球也可能并不是球体，只要是外星社会大规模生产能量的地方就行。

在这样的一些地方就会出现大量的红外辐射，这是开发恒星资源时难以避免的情况。目前，美国宇航局的广角红外巡天探测器（WISE）正在宇宙中检索这类信号。

恒星之舞

还有更具想象力的理论。比如有科学家猜想，可能存在一些具备超级工程能力的外星文明，他们将会移动恒星的位置，使其形成诡异或很不寻常的排列特征。如果能够观察到这类恒星排布，那或许就可能是人工操作的产物。

科学家们认为他们这样做的目的，可能是想创建出某个从宇宙中很远的位置，甚至在另一个星系都能看到的标志物。

不过，即便外星文明真的想要与我们取得联系，我们也不一定能接收到他们所发出的信息。我们所处的宇宙直径超过 900 亿光年，而这些信息可能来自任何地方。

有些人认为，如果外星人知道我们的位置，或许他们会专门朝我们的方向发送信号，因此，我们应当将搜寻的重点放在那些能够察觉我们存在的目标上。前不久,有一篇文章提出了“地球凌星带”（ETZ）的概念，在这一范围内的恒星，其周围的行星上如果存在智慧生命，他们将能够看到地球从太阳前方经过而产生的凌星现象，从而得知我们的存在。

搜寻外星文明实际上并不需要特别的投入和安排，而是我们对太空进行探索的自然组成部分。比如当我们对小行星带和太阳系内其他天体进行探索时，如果那里有外星人留下的痕迹，有一天我们自然会注意到。

但更加有可能的是，如果外星智慧文明真的存在，不管概率有多大，他们在如何与宇宙中的其他文明之间取得联系方面，肯定会做得比我们高明。

·摘自《读者》(校园版) 2015年第17期·

与外星人聊天，该用什么语言

叶晴晴

2025年，也许来自遥远星球的外星探险家与地球会有第一次接触。他们有通用的翻译机，所以我们理解他们的语言并不那么麻烦。但不幸的是，他们已经了解了太多关于人类的负面信息，并对我们这个物种有一个扭曲的看法。

因此，为了把人类最好的一面展示给外星人，由地球上的科学家、政治家和各界名流组成的欢迎委员会决定选出一种语言，希望在第一次与外星人的接触中，用最短的时间传达最多的信息，以一个标志性的姿态来展示我们有多高效和智能。那么，他们会选择哪一种语言呢？地球上有5000到7000种语言，所以要做这个决定并不容易。

如果科学家们有大量的资源和时间，他们会这样去研究这个问题——

首先，选择合适的长度和文字书写标准的段落；然后，周游世界，找适合的人朗读这段文字。每一种语言至少有十几个朗读者以正常节奏朗读短文的记录。记录每一段的音节总数，并测量每一个朗读者读完短文所用的时间，接着算出每秒钟读出的音节数。接下来是提取每一个音节包含的有意义信息，这样就能得到每一个音节的平均信息密度。最后，使用这些值推导出每种语言的"信息比率"。

法国里昂大学的研究人员弗朗索瓦·佩莱格里诺和他的同事没有周游世界，他们也没有调查每一种语言，但在2010年，他们使用上面的方法确定了世界上7种语言的信息比率，分别是英语、法语、意大利语、日语、西班牙语、汉语和德语。

结果显示，英语的信息比率居首，但是高得并不多。大多数语言的比率相差不多，日语则比其他语言都低。

有趣的是，那些音节传达信息较少的语言，如西班牙语、日语和法语，往往在表达时语速更快。这使得在相同时间内，这些语言（除日语之外）与意义密集的语言（如汉语和英语）提供的信息量相当。看来，在现有的语言中做选择并不容易。

当然，地球的外星人欢迎委员会还可以创建一种新的语言。这种语言应该是一种逻辑最强、效率最高、表达最详细和准确的人类语言，同时它还要尽量减少歧义。因为从目前我们对各种语言的了解来看，模糊、不合逻辑、冗余、一词多义（多重含义）和整体的随意性似乎普遍存在于人类的语言中。

现在还真的有这样一种语言——伊斯奎尔语。这是由美国人约翰·基哈达创建的，他曾是美国加利福尼亚州机动车辆管理部门的中层管理人员。不要以为一个工作与语言研究毫不相关的人就不能创造新语言，事实上，伊斯奎尔语出人意料的精彩。

约翰·基哈达创建伊斯奎尔语的初衷，就是减少人类语言中的歧义和语义模糊。它通过合并一个严格的语法结构中的58个音素，就能更精确、更深层次地表达人类可能出现的任何想法，特别是与人类自身相关的。然而，这种语言真的很复杂，包括创建者基哈达在内，没有人能够流利地使用它。

不过，我们不需要说得很流利。我们只需要为我们的外星访客举行一个简短的欢迎仪式，用最简短的话语，向他们介绍我们自己、我们的无数种语言，并表达我们希望和平的愿望，我们的目的就已经达到了。

·摘自《读者》（校园版）2017年第1期·

呼叫外星人

张　驰

我们持续地聆听太空中的声音,试图找到外星文明的蛛丝马迹。同时,也有一些项目尝试着向特定区域发送信号，希望能吸引外星文明与我们联系。当然，如果想向外星文明展示我们的整个星球，那么信号的内容就不能是随意的。

人类第一次向特定目标发送有意义的信息是1974年的阿雷西博信息。这条信息被发送到距离地球大约2.5万光年远的一个球状星团。

这是由地外文明搜寻（SETI）研究所的创始人弗兰克·德雷克和天文学家卡尔·萨根发送的。阿雷西博信息由210个字节组成，这些字节构成的图形涵盖了数学、DNA、人类形态、太阳系和阿雷西博射电望远镜的信息。1974年发送的信息需要很长时间才能到达目的地。

后来，阿雷西博射电望远镜又发送了另一条信息：“核酮糖二磷酸缩化酶星球。”这是美国麻省理工学院的生物学研究员乔·戴维斯为纪念1974年的信息发送25周年而发送的。这一次他挑选了阿雷西博射电望远镜固定蝶形天线信号传送范围内的恒星。其中一颗距离太阳系12光年的红矮星——蒂加登星，将在2021年成为第一颗收到特定“外星文明信息”的天体。而这条信息的内容是核酮糖二磷酸缩化酶的基因代码，这种蛋白质在地球上很常见，几乎与地球上所有的生命相关。

不过，并不是所有人都赞同与外星文明联系，英国物理学家霍金呼吁，不要尝试与外星文明联系。看看整个地球的历史——不发达的文明在遇到更发达的文明时，处境往往很糟糕。如果外星文明比我们更先进，那么我们未来的处境堪忧。不过这样的呼吁并不能阻止一些科学家想要与外星人取得联系的热情，他们还将继续向太空发送信息，也许有一天我们会得到回应。

·摘自《读者》（校园版）2017年第4期·